ÉLÉMENTS USUELS

DES

SCIENCES PHYSIQUES

ET NATURELLES

COURS MOYEN

CORBEIL. — TYP. ET STÉR. CRÉTÉ.

ENCYCLOPÉDIE DES ÉCOLES

ÉLÉMENTS USUELS DES SCIENCES PHYSIQUES ET NATURELLES

A L'USAGE DES ÉCOLES PRIMAIRES

Conformément au programme du 27 juillet 1882

PAR

H. FABRE

DOCTEUR ÈS SCIENCES

COURS MOYEN

PARIS

LIBRAIRIE CH. DELAGRAVE

15, RUE SOUFFLOT, 15

1884

ÉLÉMENTS USUELS

DES SCIENCES PHYSIQUES

ET NATURELLES

CHAPITRE PREMIER

VOYAGE AU BOUT DU MONDE.

On raconte qu'un petit garçon de votre âge, et comme vous fort désireux d'apprendre, faisait un matin ses préparatifs de voyage. Jamais navigateur se disposant à courir les mers éloignées n'avait déployé plus de zèle. Les vivres, ce grand souci des expéditions lointaines, ne furent pas oubliés. Le déjeuner fut doublé. Il y avait bien dans le panier six noix, une tartine de beurre et deux pommes. Avec cela où ne pouvait-on pas aller?

La famille ne fut pas informée ; on aurait pu détourner l'audacieux voyageur de son projet en lui faisant entrevoir les périls de l'expédition. Crainte de mollir devant les larmes de sa mère, il garda le silence. Le panier au bras, sans dire adieu à personne, il part.

Le voilà bientôt dans la campagne. Prendre à gauche ou bien à droite lui est fort indifférent ; tout chemin conduit où il veut aller. — Où veut-il donc aller? — Au bout du monde.

Il prend le chemin de droite, longé d'une haie d'aubépines où bruissent et reluisent des scarabées d'un vert doré. Mais les beaux insectes ne l'arrêtent pas un instant, non plus que les petits poissons à ventre rouge qui jouent dans le ruisselet. La journée est si courte et le voyage est si long! Il marche tout droit, il marche toujours, prenant quelquefois à travers champs pour raccourcir.

Au bout d'une heure, la tartine, la maîtresse pièce des provisions, était mangée, bien que la consommation se fît avec la sage économie d'un voyageur prudent. Un quart d'heure plus tard, une pomme et trois noix y passèrent. L'appétit vient vite à qui se fatigue. Il vint si bien, qu'au détour du chemin, à l'ombre d'un grand saule, la seconde pomme et les trois noix restantes furent tirées du panier. Les provisions étaient épuisées.

Chose non moins grave, les jambes ne voulaient plus aller. Figurez-vous donc : depuis deux grandes heures, le voyage durait, et le but qu'on se proposait d'atteindre ne se rapprochait pas du tout, mais pas du tout. Le petit garçon revint sur ses pas, persuadé qu'avec de meilleures jambes et de plus grandes provisions il réussirait une autre fois dans son projet.

Je vous l'ai dit : l'audacieux enfant voulait atteindre le bout du monde. En ses idées, le ciel était une voûte bleue, qui allait s'abaissant et reposait par ses bords sur la terre, de sorte que, si jamais il parvenait jusque-là, il lui faudrait, s'imaginait-il, marcher courbé pour ne pas se casser la tête contre le firmament.

Il partit donc dans l'espoir de toucher bientôt le ciel de la main ; mais la voûte bleue, reculant à mesure qu'il avançait, se trouvait toujours à la même distance. La fatigue et le manque de provisions le firent renoncer à poursuivre plus loin son voyage.

Si vous aviez connu ce petit garçon, vous l'auriez dissuadé de son expédition ; vous lui auriez appris qu'il est impossible de toucher le ciel de la main, si loin qu'on se rende, si haut que l'on monte. En allant jusqu'au bout de ce que l'on voit, puis plus loin et toujours plus loin, on retrouve partout les mêmes apparences, sans jamais voir la fin d'une voûte qui n'existe pas en réalité.

Nulle part, vous le savez tous, le ciel ne repose sur le sol; nulle part on ne court le risque de heurter de la tête contre le firmament; partout la voûte bleue a les mêmes apparences qu'ici. En allant toujours devant soi, on rencontre des plaines, des montagnes, des vallées, des cours d'eau, des mers; mais nulle part des barrières marquant les limites du monde.

Imaginez une grosse boule suspendue en l'air par un fil, et sur cette boule un moucheron. S'il prend fantaisie au moucheron d'en parcourir la surface, n'est-il pas vrai qu'il pourra aller et venir sur la boule, en dessus, en dessous, par côté, sans jamais rencontrer d'obstacle, sans jamais voir se dresser une barrière qui lui ferme le passage? N'est-il pas également vrai que, s'il chemine toujours dans la même direction, le moucheron finira par faire le tour de la boule et par revenir à son point de départ?

Ainsi faisons-nous nous-mêmes à la surface de la terre, plus chétifs par rapport à l'immensité du globe qui nous porte que le moindre moucheron par rapport à la boule la plus considérable que notre imagination puisse se figurer. Sans rencontrer nulle part de barrière, sans jamais toucher du front la coupole du ciel, nous allons et venons en mille sens différents, nous accomplissons les voyages les plus lointains, nous faisons même le tour de la terre et revenons au point de départ.

La terre est donc ronde, c'est une boule énorme qui nage sans support dans les espaces du ciel. Quant à la voûte bleue qui s'arrondit au-dessus de nous, c'est une simple apparence occasionnée par la couleur bleue de l'air, qui de partout enveloppe la terre.

La terre n'est pas suspendue au firmament par quelque chaîne céleste; elle n'est pas davantage appuyée sur un support, comme un globe géographique sur son pied. D'après un conte de l'Inde, la boule du monde serait portée sur quatre colonnes de bronze.

— Et ces quatre colonnes, sur quoi reposent-elles à

leur tour? demanderez-vous sans doute. — Eh! bien, elles reposent sur quatre éléphants blancs. — Et les éléphants blancs? — Ils s'appuient sur quatre monstrueuses tortues. — Et les tortues? — Elles nagent sur un océan de lait. — Et l'océan de lait? Le conte n'en dit rien, et il a raison de garder le silence.

Le conte indien aurait même mieux fait de ne pas imaginer, pour soutenir la terre, ces divers supports se servant d'appui l'un à l'autre. Supposer un piédestal à la terre, puis un second pour soutenir le premier, ensuite un troisième, un quatrième, un millième si l'on veut, c'est éloigner la question sans y répondre; car enfin, après avoir superposé tous les supports imaginables, il faudra se demander sur quoi repose le dernier.

Vous songez peut-être à la voûte du ciel, qui pourrait bien soutenir la terre; mais sachez que cette voûte n'a aucune réalité, que c'est une simple apparence occasionnée par l'air. D'ailleurs des milliers de voyageurs ont parcouru la terre en tous sens, et nulle part ils n'ont vu de piédestal quelconque. On ne voit partout que ce que l'on voit ici. La terre est isolée dans l'espace; elle nage dans l'étendue sans aucun appui, comme nagent la lune et le soleil.

— Mais alors, pourquoi ne tombe-t-elle pas? Voilà la grosse question à laquelle il me faut maintenant répondre. — Tomber, mes petits amis, c'est se précipiter à terre, comme le fait une pierre qui, soulevée dans la main, est ensuite abandonnée à elle-même. Comment voulez-vous que la grosse boule se précipite à terre, elle qui est toute la terre? Est-il possible qu'une chose se précipite vers cette chose elle-même? Non, sans doute.

D'ailleurs figurez-vous ceci. Tout est pareil autour de la boule du monde; à rigoureusement parler, il n'y a ni haut, ni bas, ni droite, ni gauche. Nous appellerons le haut, si vous voulez, le côté de l'espace au-dessus de nos têtes, le côté du ciel; mais songez que le ciel se trouve aussi à l'extrémité opposée de la boule, qu'il s'y trouve pareil à ce que nous voyons ici, et que cela se reproduit partout. S'il vous paraît tout simple que la terre ne s'élance pas vers le ciel qui est au-dessus de nous, pourquoi voulez-vous qu'elle s'élance vers le ciel opposé? Tomber vers ce ciel opposé, ce serait s'élever, comme s'élève ici l'alouette qui, d'un coup d'aile, s'élance et plane au-dessus des sillons.

CHAPITRE II

LA TERRE.

La terre est ronde, les faits suivants le prouvent. Lorsque pour arriver à la ville où il se rend, un voyageur traverse une plaine régulière où rien n'entrave la portée de la vue, à une certaine distance, les points les plus élevés de la ville, les sommets des tours et des clochers se montrent seuls à ses regards.

A une distance moindre, les flèches des clochers deviennent en entier visibles, puis les toits des habitations, et enfin les habitations elles-mêmes ; de sorte que la vue embrasse un plus grand nombre d'objets, en commençant par les plus élevés et en finissant par les plus bas, à mesure que l'éloignement diminue. La courbure du terrain en est cause.

Considérez, en effet, la figure que voici (fig. 1). Pour un observateur placé en A, la tour est complètement invisible, parce que la courbure du sol met obstacle à la vue. Pour l'observateur placé en B, la moitié supérieure de la tour est visible, mais la moitié inférieure est encore cachée. Enfin, quand il est en C, l'observateur peut voir la tour en entier.

Ce n'est pas ainsi que les choses se passeraient si la terre était plane. A toute distance, une tour serait visible en entier. De loin, sans doute, on la verrait avec moins de netteté que de près à cause de la distance, mais enfin

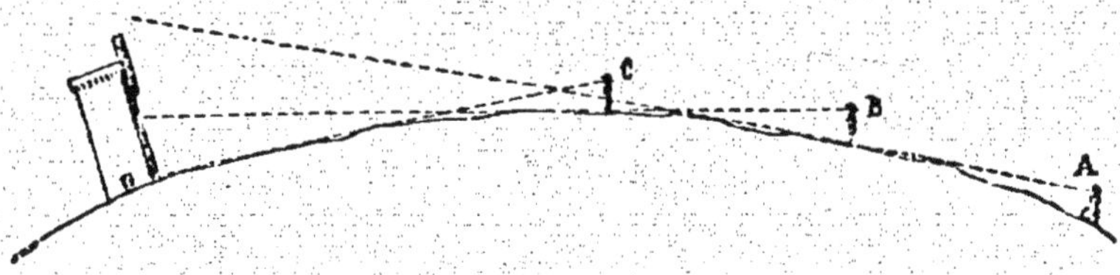

Fig. 1.

on la verrait tant bien que mal du sommet à la base. C'est ce que prouve suffisamment la figure 2, représen-

Fig. 2.

tant deux spectateurs A et B qui, placés à des distances fort différentes, voient cependant la tour du sommet à la base sur un terrain plat.

Sur la terre ferme, il est rare de trouver des terrains qui, par leur étendue et leur régularité, se prêtent à l'observation dont je viens de vous parler. Presque toujours des collines, des plis du sol, des rideaux de verdure arrêtent le regard et empêchent de voir apparaître peu à peu, du sommet à la base, la tour ou le clocher dont on se rapproche. Sur mer, aucun obstacle n'arrête la vue, si ce n'est la convexité des eaux, qui possèdent la courbure générale de la boule terrestre. C'est donc là surtout qu'il est facile de constater les apparences produites par la forme arrondie de la terre.

Lorsqu'une barque venant de la pleine mer se rapproche des côtes, les premiers points du rivage visibles pour les gens qui la montent sont les points les plus élevés, comme les cimes des montagnes. Plus tard apparaissent les sommets des hautes tours ; plus tard encore, le bord du rivage lui-même.

Pareillement, un observateur qui, du rivage, assiste à l'arrivée d'un navire, commence par apercevoir la pointe des mâts, puis les voiles les plus hautes, puis encore les voiles basses, et enfin la coque du navire. Si le navire s'éloignait du rivage, on le verrait graduellement dispa-

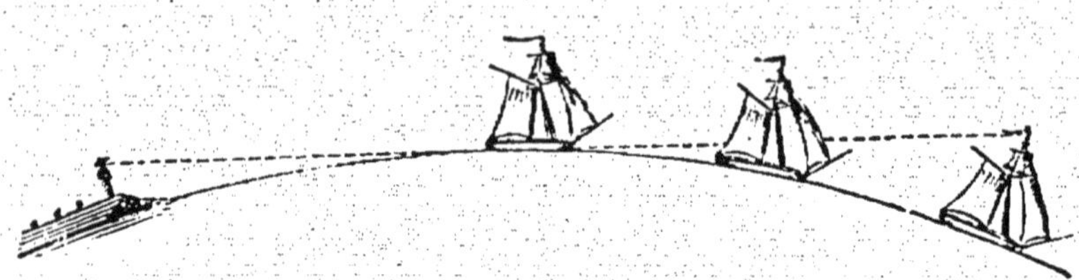

Fig. 3.

raître et plonger en apparence sous les eaux dans un ordre inverse, c'est-à-dire que la coque se déroberait la première aux regards, puis les voiles basses, les voiles hautes et enfin la cime du grand mât, qui disparaîtrait la dernière. C'est ce que nous montre la figure 3.

La terre a quarante millions de mètres de tour, ou bien dix mille lieues, car une lieue mesure quatre mille mètres. Un voyageur capable, par impossible, de reprendre chaque jour sa marche en avant, à raison de dix lieues par jour, mettrait trois ans pour faire à pied le tour de la boule, en supposant que la terre ferme ne fût pas interrompue par les mers. Mais où sont les jarrets qui résisteraient trois ans de suite à de telles fatigues !

Un autre exemple va nous aider à comprendre combien est grande la boule du monde. Représentons le globe terrestre par une boule plus grande que hauteur d'homme, par une boule de deux mètres de haut ; puis, dans une juste proportion, représentons en relief à sa surface quelques-unes des principales montagnes.

Le mont le plus élevé de la terre fait partie de la chaîne de l'Himalaya, vers le centre de l'Asie, et se nomme le Gaurisankar. Il dresse ses pics à 8.840 mètres de hauteur.

Rarement les nuages sont assez élevés pour en couronner la cime, et sa base recouvre l'étendue d'un empire.

Cela dit, élevons le prodigieux colosse sur notre grosse boule figurant la terre. Savez-vous ce qu'il faudra pour le représenter ? Il faudra un tout petit grain de sable qui se perdrait entre vos doigts, un grain de sable d'un millimètre et un tiers de relief ! La gigantesque montagne, qui nous accablait de son immensité, n'est plus rien quand on la compare à la terre. La plus grande montagne de l'Europe, le mont Blanc, dont la hauteur est de 4.810 mètres, serait figurée par un grain de sable moitié moindre.

Quand on vous parle de la rondeur de la terre, vous songez aux montagnes énormes, aux vallées profondes, et vous vous demandez comment, avec toutes ces grandes irrégularités, la terre cependant peut être qualifiée de ronde. Vous voyez maintenant que ces irrégularités ne sont rien par rapport à l'immensité de la boule terrestre.

Une orange est ronde, malgré les rugosités de son écorce. Il en est ainsi de la terre : elle est ronde malgré les inégalités de sa surface, inégalités qui sont, par rapport à la boule du monde, bien moins que, par rapport à une orange, les rugosités de la peau de ce fruit. La terre est donc une énorme boule semée de grains de poussière et de sable proportionnés à sa grosseur et qui sont les montagnes.

CHAPITRE III

L'AIR.

Si l'on passe rapidement la main devant le visage, on sent un léger souffle vous courir sur les joues. Ce souffle, c'est l'air. En repos, il ne produisait aucune impression sur nous ; mis en mouvement par la main, il révèle sa présence par un choc léger qui produit une impression de fraîcheur.

Mais le choc de l'air n'est pas toujours, comme ici, une simple caresse. Il peut devenir très brutal. Un vent impétueux qui déracine parfois les arbres et renverse les habitations, est encore de l'air en mouvement, de l'air qui coule d'un pays vers un autre, comme coule l'eau d'un torrent.

L'air est une substance d'extrême subtilité, insaisissable, invisible, tellement qu'on est d'abord surpris de lui voir appliquer le nom de matière. Quoi ! l'air ! de la matière, quelque chose de lourd ! Oui, mes enfants, l'air est de la matière, une chose qui se pèse. La physique, avec ses instruments délicats, sait fort bien peser l'air ; et elle nous apprend qu'un litre de cette chose invisible pèse un gramme et trois décigrammes. C'est peu par rapport au plomb, si vous voulez ; mais c'est beaucoup par rapport à d'autres substances que vous apprendrez à connaître plus tard.

L'air est incolore, et de là résulte son invisibilité. Entendons-nous cependant : quand je dis incolore et invisible, je parle de l'air considéré en quantité de peu d'étendue ; en grande masse, cela ne serait plus vrai. L'eau nous renseignera sur ce point. Vue dans un verre, une carafe, elle est incolore ; vue en profonde nappe, dans un bassin, dans un lac, dans la mer, elle apparaît avec sa coloration bleue, que rend sensible l'épaisseur de la couche. Il en est de même de l'air. Sa coloration est bleue, mais si faible que, pour la rendre sensible, il faut une épaisseur énorme. Un paysage éloigné nous paraît bleuâtre, parce que l'épaisse couche d'air qui nous en sépare lui communique sa propre teinte.

Or, l'air forme tout autour de la terre une enveloppe d'une quinzaine de lieues d'épaisseur pour le moins et qu'on nomme l'*atmosphère*. C'est dans l'atmosphère que nagent les nuages. Sa douce teinte bleue est la cause de la couleur du ciel. C'est enfin l'atmosphère qui produit l'apparence d'une voûte céleste, la fameuse voûte que le petit garçon dont je vous ai raconté l'histoire espérait pouvoir atteindre de la main.

Invisible, subtil, échappant aux doigts qui chercheraient à le saisir, l'air semble devoir présenter des difficultés insurmontables à qui voudrait l'étudier de près. Si nous voulons le soumettre à des épreuves qui nous en diraient la nature et les propriétés, il faut en disposer une certaine quantité quelque part, isoler du reste de l'atmosphère la portion considérée, l'emmagasiner dans un récipient, la faire passer ici, puis là, au gré de nos désirs, la déplacer, la transporter, enfin la faire obéir à notre main comme obéit un morceau de pierre, un caillou. Mais comment voir l'invisible, saisir l'insaisissable, manier ce que la main ne peut toucher?

Il y a beaucoup d'autres matières, invisibles, subtiles, insaisissables tout autant que l'air, et dont l'importance n'a pas sa pareille. Toutes nous resteraient inconnues si l'on ne savait surmonter la difficulté que je vous signale. Ces matières douées d'une subtilité comparable à celle de l'air portent le nom commun de *gaz*. L'air lui-même est un gaz.

Quelques expériences vont nous montrer qu'on peut très bien manier les gaz, l'air en particulier et les rendre sensibles à notre vue. Proposons-nous de recueillir l'air qui vient de nos poumons, notre souffle enfin. Dans une terrine pleine d'eau, je plonge un verre à boire et le remplis en entier; puis, le tenant l'orifice en bas, je le soulève. Tant que l'orifice reste immergé, l'eau du verre ne s'écoule pas; elle se maintient suspendue au-dessus du niveau de la terrine. Je lis dans vos regards que cette eau soulevée, immobile, au-dessus de son niveau extérieur, excite en vous quelque surprise. L'année prochaine tout cela s'expliquera.

Continuons. Voici que le verre est plein d'eau et soulevé d'une main, l'orifice maintenu immergé. Maintenant, avec un tube de verre, au besoin avec un roseau, je souffle sous le verre. L'air venu des poumons fait bouillonner l'eau avec un bruit de glouglou; il monte en grosses bulles à travers le contenu du verre et gagne le haut du vase, par suite de sa légèreté. A mesure que le souffle s'amasse dans la partie supérieure du verre, l'eau refoulée s'échappe par en bas et rentre dans la terrine. Et c'est fait : j'ai recueilli mon souffle; le voilà dans le verre, prêt à subir les épreuves que l'on jugerait à propos.

Fig. 4. — Le souffle des poumons recueilli dans un verre.

Dans ce verre est maintenant amassé ce que nous lançons avec la bouche sur une bougie allumée pour l'éteindre, enfin le souffle, l'air venu des poumons. Il est curieux vraiment de recueillir ainsi ce que l'on ne peut voir, ce que l'on ne peut toucher. Quand nous lançons notre souffle, en gonflant les joues, nous ne voyons rien du tout ; cependant nous l'apercevons quand il traverse l'eau du verre en la faisant bouillonner. Le mouvement de l'eau a rendu sensible aux regards ce qui de sa nature ne l'est pas.

Maintenant que l'eau ne remue plus, on ne voit rien; nous sommes certains cependant que la partie du verre en apparence vide contient quelque chose. Ce quelque chose, nous l'avons vu arriver et prendre la place de l'eau, qui descendait peu à peu. Nous saurons désormais qu'il peut y avoir de l'air ou bien un autre gaz là où le regard le plus subtil ne distingue rien, ce qui s'appelle rien.

Tous les ustensiles dont nous pouvons nous servir, flacons, bocaux, bouteilles, verres, récipients de forme quelconque, étant plongés dans l'atmosphère, au sein de l'air, sont remplis de ce gaz, comme ils seraient remplis d'eau s'ils étaient plongés débouchés dans ce liquide. S'il ne contient pas autre chose, qu'il soit droit ou renversé, tout flacon, tout verre est plein d'air qui s'introduit de lui-même et le plus souvent échappe à notre attention.

Lorsqu'une bouteille ayant contenu du vin est à sec, nous disons qu'elle est vide. Est-ce bien vide qu'il faudrait dire, s'il convenait ici d'apporter dans le choix des mots une scrupuleuse attention? Certes non, car la prétendue bouteille vide est aussi pleine que jamais, pleine jusqu'au bord; elle est remplie d'air qui a remplacé le vin.

Ainsi de tous les vases quand nous les vidons de leur contenu liquide : s'ils étaient pleins avant, ils restent pleins après; seulement la nature du contenu a changé. Rien n'est vide, rien ne saurait être vide dès que l'air est là pour y pénétrer librement. On parvient, il est vrai, à vider rigoureusement une capacité, à y faire le vide, comme disent les physiciens; mais c'est alors opération préméditée de notre part et dont le succès exige savant outillage.

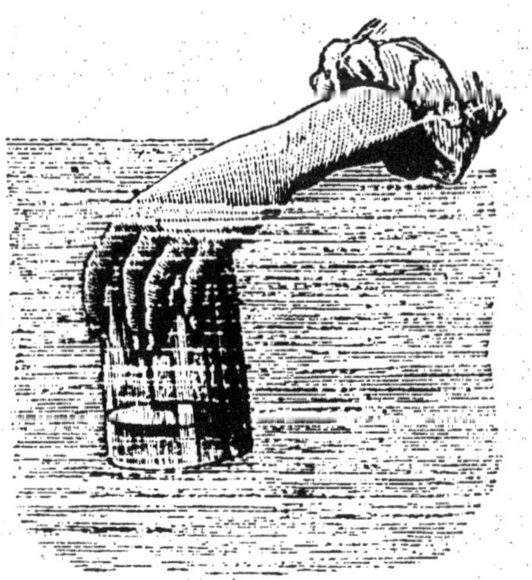

Fig. 5. — Verre plein d'air immergé dans l'eau, l'orifice en bas.

Ces observations nous conduisent à une petite expérience. Voici un verre à boire, il ne contient rien de visible, il est vide comme on dit d'habitude; cependant nous savons qu'il est plein : il est rempli d'air qui s'y est introduit tout seul, sans que nous ayons eu besoin de nous en occuper. Je le renverse bien d'aplomb et l'orifice en bas dans une terrine pleine d'eau (fig. 5).

Regardez de près ce qui se passe. L'eau ne monte pas dans le verre ou ne monte que très peu ; elle ne vient pas remplir un espace qui semble libre ; un obstacle invincible l'arrête. Cet obstacle qu'on ne voit pas et qui cependant empêche l'eau de pénétrer dans le verre, vous l'avez tous deviné : c'est l'air, dont le verre est plein, qui s'oppose à l'entrée de l'eau. L'air est donc bien quelque chose de matériel, capable d'opposer résistance et d'empêcher, par exemple, l'eau de regagner son niveau.

Encore une expérience. Proposons-nous de faire passer l'air d'un verre à boire dans un autre. Le premier verre est de lui-même plein d'air, nous n'avons pas à nous en occuper. Quant au second, je le remplis d'eau et le maintiens renversé, l'orifice en bas, dans l'eau d'une terrine (fig. 6). Le premier, toujours l'ouverture plongée dans l'eau, est alors incliné sous l'autre ; son contenu aérien s'échappe en bulles et passe dans le second, en totalité ou en partie, comme je veux. Ici encore, l'air passant d'un verre dans l'autre est rendu sensible à la vue par le bouillonnement de l'eau traversée.

Fig. 6. — Transvasement de l'air.

Voulez-vous voir sous une forme très simple et très frappante un des effets de la résistance de l'air ? Faites alors ceci. Après avoir entièrement rempli d'eau une carafe, appliquez sur l'orifice un morceau de papier ; et, tout en maintenant le papier en place avec une main, renversez doucement le vase sens dessus dessous. Vous pouvez alors retirer la main qui tenait le papier sans que l'eau s'écoule de la carafe renversée (fig. 7).

L'eau cependant cherche à descendre, elle pèse, fait effort pour tomber. Ce qui l'arrête, ainsi suspendue, c'est la résistance que lui oppose l'air du dehors. Le rôle du papier est d'empêcher l'air de s'insinuer dans la masse liquide, de la diviser, ce qui amènerait aussitôt la fuite de l'eau. Ce papier forme cloison, ce qui fait que l'eau et l'air se présentent en bloc, et comme tout d'une pièce, à la poussée mutuelle. En son absence, l'eau se glisserait à travers l'air, l'air se glisserait à travers l'eau, et à l'instant l'eau s'écoulerait, comme vous l'avez vu faire si souvent d'une bouteille ou d'une carafe inclinée, et à plus forte raison renversée sens dessus dessous.

Fig. 7. — L'eau d'une carafe arrêtée par la résistance de l'air.

CHAPITRE IV

L'ATMOSPHÈRE.

L'air forme autour de la terre une enveloppe appelée *atmosphère*, d'une quinzaine de lieues au moins d'épaisseur. Le fond de cette enveloppe aérienne repose aussi bien sur les mers que sur les continents, et sa surface se perd dans de hautes régions que le sommet de la montagne la plus élevée est bien loin d'atteindre, et que l'aile de l'oiseau n'a jamais explorées. C'est elle qui produit les apparences d'une voûte azurée. Comme l'atmosphère est en tout lieu la même, en tout lieu pareillement le ciel semble s'arrondir en une coupole bleue.

L'air, vous le savez maintenant, est une substance subtile; il ne pèse par litre que un gramme et trois décigrammes. C'est bien peu de chose : l'eau, sous ce même volume d'un litre, pèse 1.000 grammes, c'est-à-dire 769 fois plus. Cependant, telle est l'énorme étendue de l'atmosphère, que le poids de la totalité de l'air qui la compose dépasse certainement tout ce que votre imagination pourrait supposer.

S'il était possible de placer tout l'air de l'atmosphère dans l'un des plateaux d'une immense balance, quel poids croyez-vous qu'il faudrait mettre dans l'autre plateau pour faire équilibre à cet air? Ne craignez pas d'exagérer votre réponse, vous pouvez entasser mille sur mille kilogrammes; si l'air est très léger, la mer aérienne, l'atmosphère, est très vaste.

Mais laissez-moi vous dire la réponse, car, dans cette supputation, les mots numériques vous manqueraient. Pour la grande pesée que je suppose, les poids les plus forts que nous employons seraient insignifiants. Il faut en inventer de nouveaux. Figurez-vous donc un cube de cuivre ayant un kilomètre de côté; ce dé métallique, d'un quart de lieue en tout sens, sera l'unité de poids. Il représente neuf mille milliards de kilogrammes.

Eh bien, pour faire équilibre au poids de l'atmosphère, il faudrait, dans l'autre bassin de la balance, placer 585.000 dés pareils!

Or savez-vous ce qu'il est par rapport au globe terrestre, cet océan aérien dont le poids est représenté par un demi-million de cubes de cuivre d'un quart de lieue de côté? A peine ce qu'est, par rapport à la pêche, l'imperceptible duvet qui veloute ce fruit.

CHAPITRE V

LA MER.

Ceux qui n'ont pas vu la mer ignorent une des grandes magnificences de ce monde. Oh! oui, c'est bien beau, la mer. Si jamais, à l'ombre du feuillage gris de l'olivier où chante la cigale, vous pouvez plonger le regard dans la plaine bleue de la Méditerranée; si jamais, du haut d'une falaise, vous voyez rouler à vos pieds les flots verts de l'Océan grondeur, vous serez certainement de mon avis.

Si l'on fait quatre parts égales de la surface entière du globe terrestre, la terre ferme occupe environ une de ces parties, et l'ensemble des mers occupe les trois autres. Jetez les yeux sur une mappemonde, sur un globe géographique, et vous verrez combien l'ensemble des mers est plus étendu que l'ensemble des terres.

Or, que voit-on en mer? Au-dessus de sa tête, on voit le ciel comme ici; autour de soi, un grand rond bleu, et par delà plus rien. On avance, on fait des lieues et des lieues, et l'on est toujours au centre du rond bleu des eaux comme si l'on ne changeait pas de place.

La forme courbe de la terre, et par conséquent des mers qui la recouvrent en majeure partie, est cause de cette apparence. L'œil n'embrasse qu'une fort petite étendue de la mer, étendue bornée par une ligne circulaire sur laquelle paraît s'appuyer la voûte du ciel; et comme le rond des eaux se renouvelle en gardant le même aspect à mesure que l'on avance, il semble qu'on reste immobile au centre d'un cercle où se confondent le bleu de l'atmosphère et le bleu de la mer.

Cependant, à force d'avancer, on aperçoit comme une petite fumée grise sur la ligne qui borne la vue. C'est la terre, qui commence à se montrer. Encore une demi-journée de marche, et la petite fumée grise sera devenue les rochers de la côte, les hautes montagnes de l'intérieur.

Sous la mer, qu'y a-t-il? Sous la mer, il y a le sol, de même que sous les eaux d'un lac ou d'un simple ruisseau. Le sol sous-marin est accidenté tout autant que la terre ferme. En certains points, il est creusé de gouffres dont on trouve à grand'peine le fond; en d'autres, il est hérissé de chaînes de montagnes, dont les plus hautes cimes dépassent le niveau des eaux et forment des îles; en d'autres encore, il s'étale en vastes plaines ou se dresse en plateaux. Mis à sec, il ne différerait pas des continents.

Pour mesurer la profondeur des eaux, on jette à la mer un boulet attaché à l'extrémité d'un très long cordon; la quantité de cordon déroulée par le boulet dans sa chute indique la profondeur de l'eau.

La plus grande profondeur de la Méditerranée paraît être entre l'Afrique et la Grèce. Dans ces parages, pour toucher le fond, le boulet dévide de 4.000 à 5.000 mètres de cordon. Cette profondeur équivaut à la hauteur de la montagne la plus élevée de l'Europe, à la hauteur du mont Blanc; de sorte que si le colosse de pierre était situé dans ce gouffre, sa plus haute cime atteindrait à peu près la surface des eaux.

Dans l'Atlantique, au sud du banc de Terre-Neuve, lieu par excellence de la pêche de la morue, la sonde accuse 8.000 mètres environ. Les plus hautes montagnes du monde, situées vers le centre de l'Asie, ont 8.840 mètres d'altitude. Ces montagnes-là dépasseraient en ce point de l'Altantique le niveau des eaux et formeraient des îles de 840 mètres d'élévation. Enfin dans les mers avoisinant le pôle sud la profondeur est plus grande encore.

Entre ces abîmes épouvantables et la rive où la couche d'eau peut se réduire à un travers de doigt d'épaisseur, tous les degrés intermédiaires se présentent, tantôt d'une manière graduelle, tantôt brusquement, suivant la configuration du sol sous-marin.

Sur tel rivage, la mer croît en profondeur avec une extrême rapidité. Le rivage est alors le haut d'un escarpement dont la mer occupe le fond. Sur tel autre, elle croît peu à peu, et il faudrait se porter au large à de grandes distances pour trouver quelques mètres d'eau. Le lit est alors une plaine à pente insensible, continuation de la plaine terrestre.

La profondeur moyenne des mers paraît être de 6 à 7 kilomètres, c'est-à-dire que si toutes les inégalités sous-marines disparaissaient pour faire place à un lit régulier, comme le fond d'un bassin bâti de main d'homme, les mers, tout en conservant en superficie l'étendue qu'elles ont, posséderaient une couche d'eau uniforme de 6.000 à 7.000 mètres d'épaisseur.

Avec les trois quarts du globe terrestre pour superficie et 6 à 7 kilomètres d'épaisseur moyenne, la quantité des eaux de la mer doit être immense. Esssayons de faire comprendre cette immensité.

Le plus grand fleuve de la France est le Rhône. Dans les fortes crues, lorsque ses eaux limoneuses forment d'une rive à l'autre une nappe à perte de vue, il fournit environ 5 millions de litres d'eau par seconde. Eh bien, s'il conservait toujours cette majestueuse ampleur, le grand fleuve ne remplirait pas en vingt mille ans la millième partie des bassins de la mer. Comprenez-vous un peu, enfants, combien la mer est immense?

Et de quelle couleur sont ses eaux? — Jamais, si ce n'est à l'embouchure des fleuves, les eaux de la mer ne sont troubles et limoneuses. La mer est d'un bleu virant au vert, plus foncé au large, plus clair près des côtes. Mais cette coloration se modifie beaucoup, suivant l'état de la surface des eaux et suivant l'éclat du ciel. Sous un soleil vif, la mer tranquille est tantôt d'un bleu tendre, tantôt d'un indigo foncé; sous un ciel orageux, elle devient vert bouteille et passe presque au noir.

CHAPITRE VI

L'EAU DE LA MER, SES ANIMAUX, SES PLANTES. LE SEL MARIN.

L'eau de la mer renferme en dissolution de nombreuses substances qui lui donnent une saveur extrêmement désagréable; aussi ne peut-elle pas se boire, serait-on pressé par la soif la plus ardente. C'est une saveur à la fois amère et salée, qui répugne à la bouche et donne des nausées.

La plus abondante des matières dissoutes dans l'eau de mer est le sel marin, le sel dont nous faisons usage

Fig. 8. — Marais salant.

pour assaisonner les aliments. Le sel cependant n'a pas une saveur désagréable, bien qu'on ne puisse boire un verre d'eau salée; mais dans les eaux de la mer il est accompagné de diverses autres choses, à goût fort déplaisant.

Pour obtenir le sel, on choisit au bord de la mer une plaine basse, où l'on creuse des bassins peu profonds, mais d'une grande étendue, appelés *marais salants*. Puis on fait arriver l'eau de la mer dans ces bassins. Quand ils sont pleins, on interrompt leur communication avec la mer.

Le travail des marais salants se fait pendant l'été. La chaleur du soleil fait évaporer l'eau peu à peu, et le sel reste en une couche cristalline qu'on enlève avec des râteaux. Le sel recueilli est amoncelé en un grand tas, en plein air, pour le laisser égoutter et perdre ainsi les substances qui lui donnent sa saveur amère et déplaisante.

Si nous exposions au soleil une assiette pleine d'eau de mer ou tout simplement d'eau salée, nous reproduirions en petit le travail des marais salants. L'eau s'en irait, réduite en vapeur par le soleil, et le sel resterait seul dans l'assiette.

La mer agitée se couvre de *vagues*. Ce sont de grands plis mouvants, couronnés d'écume, qui ballottent un navire ainsi qu'une coque de noix, le portent un moment sur leur dos monstrueux, puis le laissent plonger dans la vallée liquide qui suit.

Oh! que l'on se sent petit et faible sur ces quatre planches, remontant, replongeant au gré des vagues! Sous les heurts furieux des flots, le vaisseau peut s'engloutir dans des abîmes insondables d'où nul n'est revenu; et il ne reste de vous qu'un souvenir, s'il y a des gens qui vous aiment sur la terre.

Or, c'est le vent qui agite la surface des eaux marines. S'il est inégal, il fait naître les *flots*, qui bondissent couronnés d'une crinière d'écume, se heurtent et se brisent l'un contre l'autre. S'il est fort et continu, il chasse les eaux en longs plis, en *vagues* ou *lames*, qui s'avancent du large par rangées parallèles, se succèdent avec une majestueuse uniformité, et viennent l'une après l'autre se précipiter en grondant sur le rivage.

Dans la mer vivent de nombreux poissons. Il y en a de petits, de grands, de monstrueux. La sardine, la morue, l'anchois, le thon et tant d'autres nous viennent de la mer. Là vivent encore d'innombrables animaux à coquille.

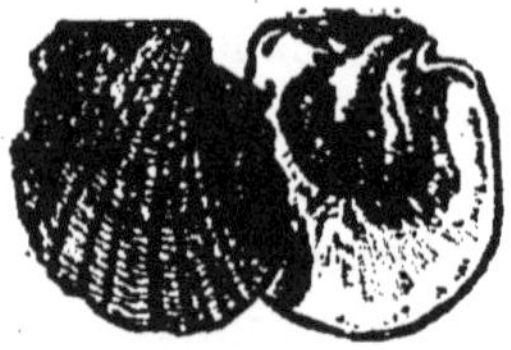

Fig. 9. — Huître perlière.

Fig. 10. — Haliotide.

On ne se lasserait d'admirer ces coquillages, de toute forme, de toute coloration. Il y en a qui, composés de deux pièces jouant l'une sur l'autre au moyen d'une charnière, s'ouvrent et se ferment à la façon d'un petit coffret. Leur intérieur est souvent tapissé de *nacre* et reluit de toutes les couleurs.

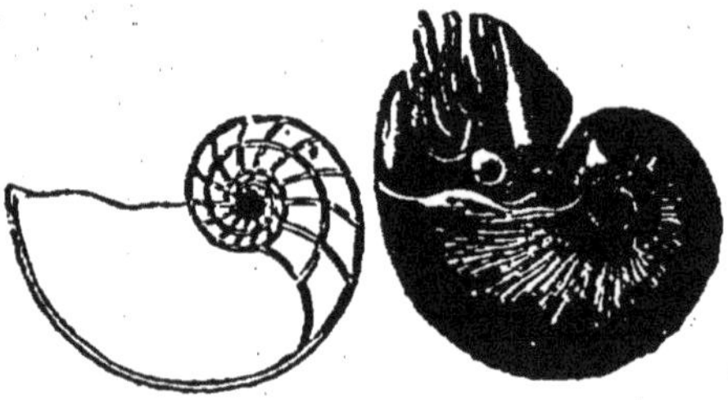

Fig. 11. — Nautile.

Il y en a qui s'enroulent en escalier à vis. Leur ouverture, appliquée contre l'oreille, fait entendre une rumeur qui rappelle celle des flots. On en trouve de lisses, on en

Fig. 12. — Le Crabe.

Fig. 13. — La Crevette.

trouve de hérissés de piquants. Les uns ont des côtes, des bourrelets ; les autres sont ornés de crêtes dentelées.

Dans la mer se pêchent le crabe, la crevette, la langouste, le homard. Celui-ci est une écrevisse énorme, dont la pince est plus grosse que le poing de l'homme. Ainsi la mer est peuplée d'une multitude infinie d'animaux.

Or, de quoi vit tout ce monde ? — D'abord, ils se mangent beaucoup entre eux ; le plus faible devient la proie d'un autre plus fort, qui trouve à son tour son maître et lui sert de pâture. Mais il est visible que si les populations des mers n'avaient d'autre ressource que de s'entre-dévorer, tôt ou tard elles manqueraient de nourriture et périraient.

Aussi, dans les mers, les choses se passent comme sur la terre, relativement à l'alimentation générale. La plante crée des matières alimentaires. Certaines espèces se nourrissent de la plante, certaines autres mangent celles par qui la plante est mangée; de manière que la plante les nourrit toutes en définitive.

Pareillement sur la terre, le mouton broute l'herbe, le loup mange le mouton; et de la sorte, c'est l'herbe qui nourrit le loup.

Fig. 14. — Algues.

Il y a donc des plantes dans la mer, et très abondamment ; nos prairies ne sont pas plus herbues que certains fonds de la mer. Seulement les plantes marines diffèrent beaucoup des plantes terrestres. Jamais elles n'ont de fleurs, jamais rien de comparable aux feuilles, aux racines. Elles se fixent sur le roc sans y puiser de quoi vivre. C'est l'eau qui les nourrit et non le sol.

Il y en a qui ressemblent à des lanières visqueuses, à des rubans plissés, à de longues crinières ; il y en a qui prennent la forme de petits buissons touffus, de molles houppes, de panaches onduleux ; il y en a de déchiquetées en lambeaux, de roulées en lame spirale, de façonnées en gros fils glaireux. Celles-ci sont d'un vert obscur, d'un rouge vif, d'un rose tendre ; celles-là sont d'un jaune de miel, d'un brun de poix. Ces plantes s'appellent des *algues*.

CHAPITRE VII

LES TROIS ÉTATS DE LA MATIÈRE.

Une pierre, un morceau de bois, une barre de fer sont des objets plus ou moins durs, qui résistent sous le doigt, qu'on peut saisir et manier. On peut leur donner telle forme que l'on veut ; et cette forme, ils la conservent. Ces propriétés font dire de la pierre, du bois, du fer et des autres substances qui leur ressemblent sous ce rapport, que ce sont des matières *solides*.

Dans le langage qui nous est familier, cette expression de *solide* s'emploie pour tout objet qui présente une grande résistance à la rupture, à la déformation. On dit, par exemple : cette pièce de bois est solide, ce croc de fer est solide. Ce n'est pas ainsi que le mot doit être entendu dans le cas actuel.

J'appelle *solide* toute matière qui peut se saisir et se manier, toute matière enfin conservant la forme qu'on lui a donnée. Ainsi la pâte fraîche d'argile, le beurre, la graisse, sont des matières sans résistance, que la main pétrit sans difficulté, comme elle veut. Mais nous pouvons très bien les saisir et les manier, nous pouvons les façonner comme bon nous semble. Sous ce rapport, ce sont des substances solides, tout aussi bien que le marbre et le fer, si résistants.

Mais l'eau n'est pas solide, car il nous est impossible d'en saisir une pincée avec les doigts, comme nous saisissons une pincée de sable. Nous ne pouvons davantage en façonner une partie, en forme de quille, par exemple, et la faire tenir debout, à moins de la mettre dans une bouteille. L'eau glisse dans la main qui essaye de la saisir, elle coule. Par elle-même, elle n'a pas de forme, et il est impossible de lui en donner une déterminée à moins de l'enfermer dans un vase.

Alors elle se moule dans la cavité qui la reçoit ; elle prend la forme du vase, la forme cubique si le vase est un cube. L'eau et les autres substances susceptibles de couler sont dites *liquides*. Ainsi le lait, l'huile, le vin, le vinaigre, la graisse fondue sont des matières liquides, aux mêmes titres que l'eau.

Considérons maintenant la vapeur qui s'échappe d'un pot en ébullition, ou, si vous voulez, le beau panache de fumée blanche qui sort par bouffées de la cheminée d'une locomotive en marche sur un chemin de fer. Eh bien, ces fumées blanches sont de la vapeur d'eau, tout comme la fumée d'un pot qui bout. Cette vapeur fait mouvoir la locomotive, et, après avoir agi, s'échappe avec bruit dans l'air.

Voilà encore une substance insaisissable, et plus insaisissable même que l'eau. La manier, seulement en garder un peu dans le creux de la main, est chose impossible. De plus, elle s'épand en tous sens, elle gagne en volume, elle occupe un espace qui va croissant.

Au sortir de la cheminée de la machine, la bouffée de vapeur avait un certain volume, pas bien grand. Dans la machine elle-même, elle avait un volume moindre encore, et c'est précisément ce qui faisait sa force ; car, pareille à un ressort d'autant plus actif qu'il est plus tendu et plus ramassé sur lui-même, la vapeur acquiert sa puissance lorsqu'elle est emprisonnée dans un espace étroit.

Une fois dehors, elle prend un volume de plus en plus considérable, si bien qu'à la fin elle est disséminée au point d'être invisible. Vous avez dû observer, en effet, que le panache blanc ne tarde pas à se fondre pour ainsi dire dans l'air et à disparaître.

Tout invisible qu'elle est alors, il est clair que cette vapeur existe toujours et qu'elle constitue une substance matérielle spéciale. L'air lui-même n'est-il pas insaisissable, invisible, et peut-on douter de sa matérialité quand il entre en mouvement tumultueux et devient le vent, qui secoue les arbres avec tant de violence et même les renverse ?

Il y a donc des substances douées d'une extrême subtilité, de la subtilité de l'air. Elles s'épandent en tous sens et occupent, si rien ne les arrête, un espace de plus en plus grand. On les appelle substances *aériformes*, à cause de leur ressemblance avec l'air ; on les désigne encore par les noms de *gaz* et de *vapeurs*. L'air, nous le savons déjà, est un gaz. La substance invisible, mais d'odeur si forte et si piquante, que dégage le soufre allumé, est encore un gaz. Enfin la fumée de l'eau est une espèce de gaz, ou bien de la vapeur, car gaz et vapeur sont au fond même chose.

Ainsi toutes les substances, ou, comme on dit encore, tous les corps affectent soit l'une, soit l'autre des trois manières d'être différentes que l'on nomme les trois états de la matière, savoir : l'*état solide*, l'*état liquide*, l'*état gazeux*.

Or, la même substance peut, tour à tour, sans changer en rien de nature, devenir ou solide, ou liquide, ou gazeuse, suivant les circonstances. La chaleur principalement amène ce résultat. Avec plus de chaleur, la matière, de solide qu'elle était, devient liquide ; avec plus de chaleur encore, de liquide elle devient gazeuse. L'exemple suivant va nous renseigner à cet égard.

La glace est solide ; beaucoup de pierres ne sont pas plus dures. Mettons-la dans un vase sur le feu. Elle se fondra ; en gagnant de la chaleur, elle deviendra une substance liquide, enfin de l'eau.

Si cette eau à son tour est chauffée davantage, elle se mettra à bouillir et peu à peu s'en ira en vapeur, c'est-à-dire qu'elle prendra l'état gazeux. Voilà donc que l'eau, par un accroissement de chaleur, passe de l'état solide à l'état liquide, puis de l'état liquide à l'état gazeux.

La plupart des corps éprouvent de pareils changements. Il est vrai qu'il faut parfois des foyers d'une violence inouïe ; ainsi le fer ne devient liquide qu'au sein des prodigieux brasiers de l'industrie ; et pour en réduire une parcelle en gaz ou vapeur, il faut appeler à son aide ce que la science du feu sait produire de plus énergique.

Avec un degré de difficulté moindre pour les uns, plus grand pour les autres, tous les corps suivent donc cette commune loi : la chaleur les fond d'abord, c'est-à-dire les fait devenir liquides ; puis elle les volatilise, c'est-à-dire les réduit en vapeur.

S'il gagne en chaleur, un corps s'échauffe ; s'il perd en chaleur, il se refroidit. Refroidir, c'est donc soustraire, enlever de la chaleur. Eh bien, le refroidissement ou la diminution de chaleur ramène les vapeurs à l'état de substances liquides, et celles-ci enfin à l'état de substances solides.

Ainsi la vapeur de la marmite bouillante, au contact du couvercle froid, perd de sa chaleur et redevient de l'eau, qui ruisselle en gouttelettes à la face inférieure de ce couvercle. A son tour l'eau, par une diminution convenable de chaleur, se prend en glace, c'est-à-dire redevient solide. De la même manière se comportent les autres substances : une diminution de chaleur les ramène de l'état gazeux à l'état liquide, puis de l'état liquide à l'état solide.

CHAPITRE VIII

LA VAPEUR ATMOSPHÉRIQUE.

Lorsque la blanchisseuse étale sur des cordes le linge qu'elle vient de laver, que se propose-t-elle? Elle se propose de faire sécher le linge, de faire partir l'eau dont il est imbibé. Or, cette eau, que devient-elle? Cette eau se réduit en vapeur, qui se dissémine dans l'air et devient invisible autant que l'air lui-même. La chaleur du soleil a amené ce changement.

Quand on mouille un tas de sable aride, l'eau s'y insinue de partout et disparaît. Il est vrai que le tas de sable prend alors un aspect différent : il était sec avant, il est humide après. Le sable boit l'eau en contact avec lui.

A peu près ainsi fait l'air : il boit l'humidité du linge devenue vapeur, et il la boit si bien que le tout, air et eau, reste invisible comme si l'air ne renfermait rien d'étranger.

La réduction de l'eau en ce nouvel état par l'action de la chaleur, son passage enfin à l'état de vapeur, se nomme *évaporation*. L'humidité du linge que l'on veut sécher s'évapore; la vapeur formée s'insinue dans l'air et se répand en tous sens au gré des vents.

Rappelons-nous encore ce qui se passe après l'arrosage d'un jardin. C'est une grande affaire quand, sur la fin d'une journée très chaude, il s'agit de faire boire ces pauvres plantes qui se meurent de soif. La pompe coule à plein tuyau; chacun s'empresse avec son arrosoir; qui va d'ici, qui va de là, distribuant de l'eau aux plantes souffreteuses, aux semis, aux pots de fleurs. Bientôt le jardin a copieusement bu.

Comme c'est frais alors, comme les plantes fanées par la chaleur reprennent force et se redressent heureuses! On croirait les entendre chuchoter entre elles et se raconter les félicités de l'arrosage. Si cela pouvait durer ainsi!

Mais bah! le lendemain la terre est encore sèche, et il faut recommencer. Qu'est devenue l'eau de la veille? Elle s'est évaporée, elle a disparu en vapeur dans l'air; et maintenant elle voyage peut-être en des régions lointaines, à de grandes hauteurs, jusqu'à ce que devenue lambeau de nuage, elle retombe en pluie nous ne savons où. Du contenu d'un arrosoir, les plantes prennent peut-être le plein creux de la main; l'air boit le reste, changé en vapeur. Et voilà pourquoi tous les jours il faut recommencer.

Si l'on exposait au soleil une assiette pleine d'eau, chacun sait ce qu'il adviendrait à la fin. Peu à peu, l'eau s'en irait en vapeur invisible, et il ne resterait rien dans l'assiette.

Eh bien, ce qui se fait aux dépens de l'eau d'une assiette, et de l'humidité d'un jardin ou d'un linge mouillé, se fait aussi, dans des proportions immenses, sur la surface du monde entier. L'air est en contact avec le sol humide, avec d'innombrables nappes d'eau, lacs, marécages, fleuves, rivières, ruisseaux; avec la mer surtout, la mer immense, qui à elle seule occupe trois fois l'étendue de l'ensemble des terres. Par l'action du soleil, qui transforme l'eau en vapeur, il doit donc boire en abondance et contenir partout et toujours de l'humidité, tantôt plus, tantôt moins.

L'air qui est là maintenant tout autour de nous, cet air où l'œil ne distingue rien, contient cependant de l'eau que l'on peut faire apparaître. Le moyen est très simple : il suffit de refroidir un peu l'air.

Quand on presse une éponge humide dans la main, on en fait suinter l'eau. Le refroidissement agit sur l'air humide à peu près comme la pression de la main sur l'éponge; il en fait suinter l'humidité sous forme de fines gouttelettes. C'est ce qu'on va vous montrer.

Remplissons une carafe d'eau la plus fraîche que possible, et avec un linge essuyons-en bien l'extérieur pour qu'il n'y reste aucune trace d'humidité; plaçons ensuite la carafe sur une assiette également bien essuyée. Les choses ne marcheraient que mieux si nous pouvions mettre, dans la carafe, un peu de glace, qui donnerait un refroidissement plus grand.

Fig. 15. — L'humidité de l'air se dépose sur une carafe pleine de glace.

Voici que la carafe, d'abord d'une limpidité parfaite, se couvre d'une espèce de brouillard qui en ternit la transparence; puis des gouttelettes apparaissent, ruissellent sur ses flancs et descendent dans l'assiette.

Ces gouttelettes ne proviennent pas, c'est tout clair, de l'intérieur de la carafe, car le verre ne se laisse pas traverser par l'eau. Elles proviennent de l'air environnant, qui se refroidit au contact de la carafe. La vapeur qu'il contient devient alors liquide et se dépose en gouttes sur le verre froid. Si la carafe était plus froide, si elle était pleine de glace, le dépôt des gouttelettes liquides serait plus rapide et plus abondant.

De même quand on remplit d'eau très fraîche un verre d'une propreté parfaite, il arrive que le dehors de ce verre se ternit aussitôt et semble mal lavé. C'est encore l'air environnant qui dépose son humidité sur la paroi froide du verre.

Ces expériences nous apprennent deux choses : d'abord

il y a toujours de la vapeur invisible dans l'air; en second lieu, par le refroidissement, cette vapeur devient visible et se change en brouillard, puis en gouttelettes d'eau. Ce retour de la vapeur invisible à l'état d'eau se nomme *condensation*.

CHAPITRE IX

LES NUAGES.

Qui d'entre nous, en regardant les nuées, n'a souhaité l'aile de l'oiseau pour se transporter au milieu de cette ouate céleste, d'une blancheur éclatante, qui s'amoncelle en montagnes de coton cardé? Qui n'a désiré reposer sur le moelleux matelas du nuage, sorte de toison, tantôt plus blanche que neige, tantôt incendiée de rouges réverbérations, comme si quelque fournaise s'embrasait dans son épaisseur?

Et le cortège du soleil couchant, ce cortège de nuages dont la splendeur n'a rien de comparable au monde, qui n'a désiré le contempler de près? qui ne s'est demandé dans quels trésors puise le ciel pour créer toutes ces magnificences?

Vous rappelez-vous ces cascades d'or fondu, ces fleuves de braise, ces prodigieux entassements d'ouate couleur de feu, ces tentures éblouissantes dont l'œil a de la peine à supporter l'éclat, enfin tout ce riche appareil, dont le soleil, parfois, s'entoure avant de nous quitter? Que de merveilles produites avec les matières les plus communes! Ces nuages resplendissants ne sont qu'un peu de vapeur d'eau que traversent les rayons du soleil.

Nous venons d'apprendre qu'une évaporation continuelle a lieu, tant à la surface du sol humide qu'à la surface des différentes nappes d'eau, lacs, étangs, marécages, fleuves, et surtout de la mer, par rapport à laquelle le reste n'est à peu près rien. Ainsi la vapeur contenue dans l'air vient principalement de la mer.

Cette vapeur s'élève dans l'air, s'y dissémine, et se maintient invisible tant que la chaleur est suffisante. Mais la chaleur diminue à mesure que la hauteur augmente, comme nous l'apprennent les cimes des hautes montagnes couvertes encore de neige alors que la plaine a déjà les chaleurs de l'été. En montant, la vapeur se refroidit donc, et un moment arrive où elle devient vapeur visible, brouillard, nuage.

Vous vous rappelez ces brouillards qui, dans les matinées humides d'automne et d'hiver, couvrent la terre d'un voile de fumée grise et nous empêchent de voir quelques pas en avant. En regardant en l'air, on aperçoit flotter comme une fine poussière d'eau.

Eh bien, les nuages et les brouillards sont même chose; seulement les brouillards s'étalent autour de nous et se montrent tels qu'ils sont, gris, humides, froids, tandis que les nuages se tiennent plus ou moins élevés et prennent, avec l'éloignement, de riches apparences.

Il y en a d'un blanc éblouissant, il y en a de rouges, de couleur d'or et de feu; il y en a de cendrés, de noirs. La coloration varie d'ailleurs d'un moment à l'autre. Au coucher du soleil vous verrez tel nuage débuter par être blanc, puis se teindre de rouge, puis briller comme un entassement de braise, comme un lac d'or fondu, et enfin s'obscurcir et tourner au gris, au noir, à mesure que les rayons du soleil lui arrivent en moindre abondance.

Tout cela est affaire d'illumination par le soleil. En réalité, les nuages, si splendides qu'en soient les apparences, sont formés d'une fumée humide absolument pareille à celle des brouillards. On s'en assure en les visitant de près; ce que l'on fait en gravissant une haute montagne, ou bien en s'élevant dans l'air avec un aérostat.

La hauteur des nuages est fort variable et n'atteint pas,

en général, la valeur que vous pourriez supposer. Il y a des nuages qui traînent à terre, ce sont les brouillards ordinaires; il y en a d'autres qui stationnent sur les montagnes médiocrement élevées. La région où ils se trouvent communément est comprise entre 500 et 1.500 mètres.

D'autres nuages, en moindre nombre, atteignent une lieue, deux lieues de hauteur. Enfin, dans quelques cas assez rares, ils s'élèvent à près de quatre lieues. Par

Fig. 16. — Les nuages.

A, cirrus. — B, cumulus. — C, stratus. — D, nimbus.

delà, l'atmosphère est d'une perpétuelle sérénité. Là, jamais les nuages ne montent; là, jamais ne gronde le tonnerre; là, jamais ne se forment la neige, la grêle, la pluie.

Tous les nuages ne se composent pas de vapeur à demi condensée en fumée visible. A des hauteurs un peu grandes, le froid est assez vif pour ramener l'eau à l'état solide, et les nuages sont alors uniquement composés de très fines aiguilles de glace. On appelle *cirrus* les nuages qui présentent cette singulière composition.

Vus d'ici-bas, ils ont tantôt l'aspect de légers flocons

pareils à des touffes de laine crépue, tantôt celui de filaments déliés d'une blancheur éclatante faisant un vif contraste avec le bleu foncé du ciel. De tous les nuages, ce sont les plus élevés.

Quand les cirrus prennent la forme de petits nuages arrondis, disposés à côté l'un de l'autre en très grand nombre, de manière à produire l'aspect d'un troupeau de moutons vus par le dos, le ciel qui en est couvert est dit *pommelé*. C'est d'ordinaire un présage de changement de temps.

On donne le nom de *cumulus* à ces gros nuages blancs, à contours arrondis, qui s'entassent, pendant les chaleurs de l'été, comme d'immenses montagnes de coton. Leur apparition est signe d'orage.

On nomme *stratus* les nuages disposés par bandes irrégulières au bord du ciel au moment du lever ou du coucher du soleil. Ce sont ces nuages qui prennent les teintes ardentes de la flamme. Les stratus rouges du soir annoncent le beau temps; les stratus rouges du matin sont suivis de vent ou de pluie.

Enfin on appelle *nimbus* un ensemble de nuages sombres, d'un gris uniforme, tellement confondus l'un dans l'autre qu'il est impossible de les distinguer. Ces nuages se résolvent ordinairement en pluie. Vus à distance, ils présentent souvent de larges bandes qui vont en ligne droite du ciel à la terre. Ce sont des traînées de pluie.

CHAPITRE X

LA PLUIE.

Quand, à la suite d'un refroidissement survenu dans les hauteurs de l'air, la brume des nuages atteint une certaine condensation, des gouttelettes d'eau apparaissent. C'est d'abord une très fine poussière liquide qui flotte au gré des vents; puis les grains de cette poussière d'eau se réunissent plusieurs ensemble, gagnent en poids et tombent en gouttes. Voilà la pluie.

Lorsqu'il pleut, avez-vous jamais réfléchi au merveilleux voyage que peut avoir fait la moindre des gouttes de pluie descendues du ciel pour arroser nos champs? Non, n'est-ce pas? Eh bien, pensons-y un moment; la chose en vaut la peine.

Cette goutte de pluie qui tombe maintenant à nos pieds vient d'en haut, d'un ciel tout noirci de nuages. Elle arrive des régions où gronde le tonnerre, où jaillit le trait de feu de la foudre. Elle a vu de près les splendeurs de l'éclair, elle assistait peut-être à l'explosion du terrible météore.

Entraînée par son poids, elle tombe. De quelle hauteur est sa chute? Peut-être d'une demi-lieue, peut-être davantage, mais dans des limites étroites, car la pluie n'arrive jamais de bien haut, les nuages qui la fournissent étant eux-mêmes peu élevés.

Elle tombe. La voilà à terre, aussitôt confondue avec le reste de l'eau qui ruisselle sur le sol depuis le commencement de l'averse. Où ira-t-elle? Nous l'examinerons lorsque nous aurons fini de nous informer d'où elle vient.

Elle descend des nuages, mais ces nuages ne se sont pas formés tout seuls au-dessus de nos têtes: il a fallu des vapeurs puisées par la chaleur du soleil dans les eaux de la mer et transportées ici par le souffle des vents.

Or, quelle mer a fourni la vapeur d'où provient notre goutte de pluie? Nul ne saurait le dire. Est-ce la Méditerranée, aux flots bleus? Est-ce l'Océan, aux flots verts? Est-ce une mer plus éloignée? Tout cela est possible. Il peut très bien se faire que telle goutte de pluie qui tombe sur les fleurs de nos parterres, sur les légumes de nos jardins, provienne de vapeurs accourues de l'autre bout du monde.

Quel voyage pour une goutte d'eau! De ses chauds rayons, le soleil l'a cueillie à l'autre extrémité de la terre; les nuages l'ont reçue dans les hauteurs du ciel. Poussés par le vent, ces nuages, tantôt groupés et tantôt dispersés, chassés dans une direction et puis dans une autre, ont passé au-dessus des mers, au-dessus des continents; ils ont stationné sur les plus hautes montagnes; ils ont versé ici la neige, plus loin la grêle, ailleurs la pluie; enfin, parvenus jusqu'à nous, ils ont fourni l'averse dont a fait partie notre goutte d'eau.

Retombée à terre, que va-t-elle devenir cette goutte de pluie? Bue par le sol, elle pourra pénétrer dans les racines de quelque plante, monter jusqu'au feuillage, jusqu'aux fleurs et contribuer à leur épanouissement. Puis le soleil la reprendra en vapeur et lui fera recommencer le voyage.

Mais si elle ruisselle sur le terrain, le filet d'eau qui la contient la conduira au ruisseau; le ruisseau la cédera à la rivière; la rivière la versera dans le fleuve; et le fleuve la ramènera dans le grand réservoir, la mer, d'où elle était venue. Un jour ou l'autre, pour elle, semblable voyage recommencera.

Les nuages allant deçà et delà, un peu partout, il pleut partout aussi, mais non à la fois. Quand la pluie tombe en un pays, il fait beau temps en d'autres. Et pourtant, lorsqu'il se met à pleuvoir où nous sommes, le ciel entier est habituellement couvert de nuages.

Il suffit de la main mise devant les yeux pour nous cacher le ciel. Un nuage, bien plus éloigné, mais aussi bien plus grand, produit le même effet : il nous masque l'étendue environnante et la rend en entier nuageuse. Mais ce n'est qu'une apparence : en dehors de la région que le nuage recouvre, le ciel peut être serein et le temps magnifique.

Qui n'a vu au loin de gros nuages noirs, où gronde le tonnerre? Sous pareil nuage, il pleut, c'est chose sûre, et le ciel paraît noir. Les gens qui se trouvent dans cette région n'aperçoivent autour d'eux qu'une étendue pluvieuse, parce qu'ils sont enveloppés par la nuée; s'ils allaient ailleurs, en dehors du nuage, ils trouveraient le ciel serein.

Avec un cheval qui marcherait bien, parfois il serait possible de sortir de dessous la nuée, de quitter la pluie et de venir au beau temps; comme aussi l'on pourrait quitter le soleil et aller trouver la pluie sous le nuage.

Mais bien souvent aussi ce serait impossible, parce que les nuages peuvent recouvrir de très grandes étendues. D'ailleurs, ils voyagent, ils se transportent d'un pays à l'autre avec une telle vitesse que le meilleur cavalier ne pourrait les suivre.

Considérez l'ombre des nuages courant sur le sol quand souffle le vent. Collines, vallées, plaines, cours d'eau, forêts, tout est franchi en moins de rien. L'ombre d'un nuage passe sur vous au moment où vous atteignez le sommet d'une colline. Avant que vous ayez fait trois pas pour descendre dans la vallée, l'ombre, à pas de géant, remonte la colline opposée. Qui pourrait se flatter de suivre le nuage et de se maintenir sous son couvert?

Si la pluie tombe parfois sur de très grandes étendues de pays, jamais du moins elle n'est générale, absolument jamais. Pleuvrait-il à la fois sur une province entière, qu'est l'étendue de cette province par rapport à la terre? Une motte par rapport à un champ.

Poussés par le vent, les nuages courent dans les immensités de l'air. Ils voyagent, et sur leur parcours projettent l'ombre ou déversent la pluie. Il pleut où ils passent; partout ailleurs, non.

En un même lieu, on peut même avoir la pluie ou le beau temps, suivant qu'on se trouve par-dessous ou par-dessus les nuages. Au sommet d'une montagne élevée, par exemple, il arrive souvent d'avoir les nuages à ses pieds. La plaine située sous le nuage peut recevoir une forte averse, tandis qu'au sommet de la montagne le ciel est bleu et le soleil brille sans une seule goutte de pluie.

D'après la position géographique de la France, il est aisé de prévoir quelle doit être, en général, la direction des vents qui amènent la pluie et de ceux qui amènent la sécheresse. Un courant d'air, en effet, doit être d'autant plus chargé d'humidité, qu'il a balayé sur son trajet une nappe d'eau plus étendue et plus chaude.

Au sud de la France se trouve le bassin de la Méditerranée. Le vent du sud, qui glisse sur ses eaux, doit être et est en effet généralement pluvieux. Il en est de même du vent d'ouest qui assemble sur nos côtes océaniques les vapeurs de l'Atlantique.

Au contraire, le vent d'est, qui ne rencontre sur son trajet pour arriver jusqu'à nous que les contrées centrales de l'Europe, est en général sec. Quant au vent du nord, il est sec et froid, parce qu'il nous arrive des froides régions septentrionales et ne rencontre sur son passage que des bras de mer dont la faible température ne permet pas une abondante évaporation.

CHAPITRE XI

LA NEIGE. — LA GRÊLE.

La neige, comme la pluie, provient des vapeurs d'eau fournies à l'atmosphère par l'évaporation des mers. Lorsque le refroidissement est assez vif, ces vapeurs, au lieu de se rassembler en gouttes de pluie, se congèlent en très fines aiguilles de glace et deviennent de la neige.

Dans nos pays et en plaine, le refroidissement nécessaire à la formation de la neige n'est possible que pendant l'hiver. Décembre et janvier sont les mois des grands froids et de la neige. Alors, d'un ciel tout gris, descendent silencieusement des flocons qui bientôt recouvrent le sol d'une couche éblouissante de blancheur.

L'événement est accueilli non sans joie. On livrera bataille avec des pelotes de neige; on fera des boules qui, roulées sur la couche neigeuse, gagnent en gros-

Fig. 17. — Les pelotes et la grosse boule de neige.

seur jusqu'à ce qu'on ne puisse plus les remuer; avec ces boules superposées on façonnera quelque géant, chef-d'œuvre des doigts engourdis. Oui, c'est un événement accueilli non sans joie.

Mais si la neige est rare dans la plaine et n'y apparaît qu'en hiver, elle est fréquente, au contraire, en toute saison, sur les hautes montagnes, parce que la chaleur de l'atmosphère diminue rapidement à mesure que la hauteur s'accroît. Plus une montagne est élevée, plus sa cime est froide.

Dans les hautes régions de l'atmosphère, les nuages ne peuvent généralement donner de la pluie à cause du froid; ils se convertissent en neige aussi bien en été qu'en hiver. Mais une fois formée, la neige n'arrive pas toujours à terre.

En descendant, elle rencontre de l'air moins froid, et il peut se faire qu'elle se fonde en route et devienne de la pluie avant d'atteindre le sol. Dans ce cas, il neige sur les montagnes élevées, plus froides; tandis qu'il pleut dans les plaines, plus chaudes.

Toute pluie partie d'assez haut est de la neige au début. Au milieu même de l'été, les sommets élevés sont blanchis de neige par les nuages qui ne versent dans les plaines que de la pluie. Dans les pays montagneux, après chaque averse de pluie dans les vallées, on voit, lorsque le rideau de nuages se dissipe, les pics élevés du voisinage couverts de neige récente.

Ainsi la neige tombe plus fréquemment et plus abondamment sur les sommets des montagnes que partout ailleurs, à cause du froid des hautes régions. Sur les sommets très élevés, la pluie même est impossible : tout nuage qui passe y verse de la neige.

Dans nos pays, la neige ne couvre les plaines qu'à de rares intervalles, pendant quelques jours de l'hiver seulement; mais elle blanchit les sommités de hauteur suffisante une bonne partie de l'année, et les plus élevées l'année entière.

Les plaines des pays chauds ne connaissent la neige en aucune saison, tandis que les cimes de grande élévation y sont couvertes d'une perpétuelle couche neigeuse. Dans les contrées voisines des pôles, le soleil d'été parvient à débarrasser la plaine de ses neiges pour quelques mois, quelques semaines; mais il ne peut amener la fusion totale de celles qui se trouvent à quelques centaines de mètres d'élévation.

Il y a par conséquent, d'un bout à l'autre de la terre, une hauteur, variable suivant le climat, au-dessus de laquelle la chaleur est insuffisante pour amener la fusion complète des neiges de l'année. A partir de cette hauteur, la pluie est très rare, inconnue même, serait-ce au cœur de l'été; la neige la remplace. Le sol, le roc, ne s'y montrent jamais à découvert; une perpétuelle couche de neige les recouvre.

Ces neiges persistant toute l'année se nomment *neiges perpétuelles*. Dans les Alpes et les Pyrénées, elles commencent vers 2.700 mètres. Dans les pays les plus chauds, sous l'équateur, elles remontent beaucoup plus haut, presque le double; d'autre part, dans les pays les plus froids, au voisinage des pôles, elles descendent dans les plaines les plus basses, au niveau de la mer.

La grêle a la même origine que la neige et la pluie ; elle provient des vapeurs atmosphériques ; mais alors ces vapeurs sont congelées en noyaux de glace de grosseur très variable, depuis celle d'une tête d'épingle, d'un petit pois, jusqu'à celle d'un œuf de pigeon et même du poing.

La grêle accompagne les orages violents et apparait au milieu des détonations de la foudre. C'est un fléau redoutable qui, sous sa mitraille de grêlons, en quelques instants ravage les récoltes.

CHAPITRE XII

LA GLACE.

La glace est dure comme pierre ; tout bien considéré, c'est même une pierre; néanmoins la glace est de l'eau, mais de l'eau durcie par le froid. Si nous exposions un morceau de glace sur le feu, dans un vase, elle se fondrait, elle deviendrait de l'eau; cette eau reprise par le froid, pendant une rude journée d'hiver, redeviendrait de la glace. Une augmentation de chaleur ou échauffement, de la glace fait de l'eau; une diminution de chaleur ou refroidissement, de l'eau fait de la glace.

Pour se geler, pour se convertir en glace, l'eau doit se refroidir jusqu'à un certain point au delà duquel elle ne peut rester liquide. C'est par l'extérieur que l'eau se refroidit, comme toute autre chose du reste; c'est au contact de l'air froid qu'elle perd sa chaleur et se prend en glace.

Dans une rivière, dans un lac, dans un bassin, dans un simple plat d'eau, ce n'est pas au fond, ce n'est pas dans l'épaisseur de l'eau que la glace apparaît d'abord; c'est tout à fait à la surface, au voisinage de l'air froid.

Cela commence par une mince croûte solide, semblable à une lame de verre; puis, à mesure que le froid gagne plus profondément, la glace augmente d'épaisseur jusqu'à pouvoir supporter de très lourds fardeaux.

Alors, sur la nappe solide, unie, lisse comme un miroir, accourent les patineurs. Les habiles font de longues

Fig. 18. — Les plaisirs et les mésaventures du patinage.

glissades, les novices se bornent à de timides essais. D'autres, assis sur une pierre plate et poussés à l'arrière par un camarade, sont voiturés en traîneau.

Il y a bien de temps en temps quelques chutes; mais si plaisantes, que tous en rient. La place de la culbute est ironiquement balayée du bonnet, tandis que le maladroit se relève, et, rouge de confusion, se gratte un peu la partie compromise.

Puis, affirmant d'un ton de vaillance qu'il ne s'est pas fait mal, il reprend la glissade avec plus d'entrain que jamais. Ne faut-il pas faire oublier sa mésaventure par des prouesses? Mais laissons les plaisirs du patinage, et leurs habituelles compagnes, les bosses au front, pour apprendre ce que la glace a de remarquable.

L'eau se gèle, disons-nous, en commençant par la surface, au contact de l'air froid. Il se produit ainsi une couche de glace plus ou moins épaisse, une sorte de couvercle d'une seule pièce, au-dessous duquel l'eau se maintient fluide, coulante.

Ce couvercle reste au-dessus pour deux motifs. D'abord, avec une épaisseur suffisante, il forme un plancher assez solide pour ne pas crouler lors même que l'appui de l'eau viendrait à lui manquer.

En second lieu, et c'est ici le point important, la glace est plus légère que l'eau, elle reste à la surface sans pouvoir s'enfoncer. Cassons la couche de glace; chaque fragment, chaque glaçon flottera comme le ferait une planche de bois.

N'est-ce pas bien curieux qu'une chose aussi dure que la pierre reste au-dessus de l'eau? D'où cela peut-il provenir? Soyez attentifs et vous le saurez bientôt.

Vous prenez une poignée de laine ou de coton en bourre, vous la serrez fort, bien fort, pour en faire une pelote de la grosseur du poing. Vous en prenez une autre que vous serrez très peu, et vous en faites une seconde pelote juste grosse comme la première. Quelle est la pelote qui pèsera le plus?

Chacun a la réponse sur les lèvres : la pelote la plus serrée sera plus lourde que l'autre, bien qu'elle ne soit pas plus grosse. Puisqu'elle est plus serrée, elle contient plus de coton, plus de laine; elle pèse donc plus. A égalité de grosseur, une même matière pèse davantage à mesure qu'elle est plus serrée, plus compacte.

Eh bien, la glace flotte parce qu'elle est moins serrée, moins compacte que l'eau, et par conséquent elle est plus légère. Oui, je le répète, la glace est moins compacte que l'eau; à grosseur égale, elle contient moins de matière.

Vous vous récriez peut-être: il vous semble que la glace, presque dure comme un caillou, devrait être matière plus serrée que l'eau. Celle-ci est si molle! Elle glisse, elle s'échappe des doigts qui cherchent à la saisir.

Écoutez encore ceci : du plomb fondu, est-ce lourd ou léger? C'est lourd, et très lourd; cependant il coule; il glisserait à la façon de l'eau si l'on essayait de le saisir avec des pinces : car évidemment il ne faut pas songer à le saisir avec les doigts, c'est trop chaud.

Le plomb fondu coule; un caillou ne coule pas, il est aussi dur que possible; et cependant, mis sur le plomb fondu, il flotte, et très bien. Le caillou dur est donc moins compact que le plomb fondu et mou, et renferme moins de matière, à grosseur égale, puisqu'il est plus léger.

Cela signifie, ce me semble, qu'une substance molle, liquide, insaisissable, peut être plus compacte qu'une autre dure et solide. Rien d'étonnant alors que l'eau soit plus compacte et plus lourde que la glace. Quand elle se gèle, l'eau se gonfle un peu et devient moins compacte. Voilà pourquoi la glace est plus légère que l'eau, pourquoi elle surnage.

Parlons maintenant d'autre chose. Quand elle se forme, la glace, disons-nous, se gonfle un peu; elle occupe un espace légèrement plus grand que l'eau d'où elle provient. Alors, si elle est renfermée dans une capacité close dont les parois s'opposent à son augmentation de volume, à son expansion, elle exerce contre ces parois une poussée énorme, dite *force expansive* de la glace, d'où résultent des effets importants à connaître.

Les carafes pleines d'eau se brisent quand il gèle. Il se forme d'abord dans le col un tampon de glace qui le bouche exactement; puis, si la congélation se propage dans tout le liquide, la glace, qui n'a plus le large nécessaire pour son expansion, exerce de dedans en dehors une poussée qui met la carafe en pièces.

De même les tuyaux de conduite des fontaines sont fendus, les bassins en maçonnerie sont crevassés, les rochers les plus durs, s'ils emprisonnent de l'eau dans quelques fentes, se brisent par la gelée. Vous avez peut-être entendu l'expression populaire : il gèle à pierre fendre. Vous en voyez maintenant la parfaite exactitude.

Certaines pierres s'imbibent d'eau à la surface. S'il survient du froid, l'eau emprisonnée dans la pierre augmente de volume en se congelant, et par sa pression réduit en poudre la couche extérieure. Ceci se répétant chaque hiver, les constructions faites avec ces pierres sont en peu d'années profondément détériorées. Il faut éviter l'emploi de ces matériaux, qu'on appelle *pierres gélives.*

Voulez-vous faire une expérience très remarquable sur cette force de la glace brisant tout ce qui s'oppose à son expansion? Par une très froide journée d'hiver, prenez une solide bouteille que vous remplissez en entier d'eau. Bouchez avec un excellent bouchon et fixez ce bouchon avec une ficelle pour qu'il ne puisse céder.

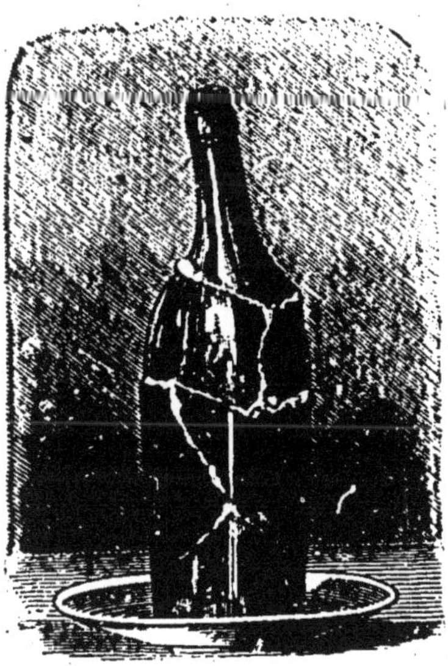

Fig. 19. — Bouteille brisée par l'expansion de la glace.

Maintenant exposez au froid la bouteille ainsi préparée et revenez quelque temps après, lorsque le froid aura congelé toute l'eau. Vous trouverez la bouteille brisée, si solide qu'elle soit.

La glace est un puissant auxiliaire de l'agriculture pour rendre le sol apte à recevoir et à nourrir la semence.

En automne, de forts attelages labourent péniblement un sol inculte. Le soc mord profondément la terre; de grandes mottes sont arrachées et culbutées en désordre sur le trajet de la charrue. Quand ce labour est fini, la surface du champ paraît comme ravagée; au lieu d'un sol égal, composé d'une terre souple telle qu'en demande la culture, ce n'est encore qu'un pêle-mêle de mottes compactes, de blocs où le grain ne pourrait germer.

Fig. 20. — La charrue, pour le grand travail des champs.

Si l'homme devait lui-même émietter ces blocs, les pulvériser et en faire de la terre fertile, bien certainement ses moyens d'action, si ingénieux qu'ils soient, n'en viendraient jamais à bout. Ce que l'agriculteur ne peut faire, la gelée le fait avec une merveilleuse facilité.

Les mottes, imprégnées des pluies automnales, sont saisies par le froid en hiver; et, se gelant, se dégelant tour à tour, elles finissent par être réduites en poudre par la force expansive de la glace formée dans leur épaisseur.

Au printemps, le sol est ameubli, c'est-à-dire converti en cette terre souple qu'exige la culture. Maintenant la semence peut venir à bien. Cette action bienfaisante de la glace sur la terre arable fait dire aux agriculteurs que les froids de l'hiver *mûrissent* les terres.

CHAPITRE XIII

LES GLACIERS.

Les hautes vallées, environnées de pics toujours neigeux, sont occupées par des neiges épaisses qui glissent des pentes voisines ou sont accumulées par les vents.

Or, lorsque vous comprimez entre les mains, pour en faire une pelote, de la neige commençant à se fondre et tout imbibée de son eau de fusion, n'avez-vous pas remarqué que cette neige durcit et devient presque de la glace ? Vous souvenez-vous de cette semelle de glace qui s'attache à nos chaussures lorsque nous marchons dans la neige? La compression produite par le poids de notre corps en est cause. Ainsi, fortement comprimée, la neige devient glace.

Sous la pression insuffisante de nos mains et de nos pas, il ne se forme qu'une glace incomplète, possédant encore la blancheur opaque de la neige ; mais si l'effort supporté était assez puissant, la neige deviendrait de la glace transparente, pareille à celle qui flotte sur les rivières gelées.

C'est ce qui se passe pour les neiges accumulées dans les hautes vallées. Comprimées, agglutinées par la pression de leurs assises énormes, elles deviennent un amas de glace compacte, amas qui porte le nom de *glacier*.

Chaque vallée voisine des neiges perpétuelles possède son glacier. Dans les Alpes seules, on en compte plus d'un millier. Leur longueur est parfois de quatre à cinq lieues, et leur largeur d'une lieue et plus. Quant à l'épaisseur de ces bancs de glace, elle est communément de 30 à 40 mètres ; mais en quelques points elle atteint de 200 à 400 mètres.

En général, la surface d'un glacier ressemble à celle d'une mer qui aurait été subitement gelée sur la fin d'une tempête, lorsque les vagues, encore hautes, s'émoussent et s'arrondissent. Ces grandes ondes de glace sont dirigées dans le sens de la longueur de la vallée. Elles sont coupées en travers par de profondes crevasses à parois d'un magnifique azur.

Des ruisseaux d'une eau vive et claire coulent dans des rigoles de glace. Il y en a qui tombent en cascades dans l'abîme des crevasses ; il y en a qui se déversent dans de vastes conques, dans des bassins que l'on dirait bâtis avec le cristal le plus limpide.

A son extrémité inférieure, le glacier se termine par un escarpement brusque, où s'ouvre d'ordinaire une caverne d'où s'échappe un torrent. L'intérieur de cette caverne présente un magique spectacle, avec sa voûte et ses murailles de cristal, où se joue, en mille reflets, la lumière pénétrant du dehors ; mais il n'est pas toujours prudent de pénétrer sous ces arcades qui, d'un moment à l'autre, menacent de s'écrouler sur les visiteurs.

En avant du talus terminal du glacier, s'élève une ceinture de rochers amoncelés en désordre. C'est ce qu'on nomme la *moraine frontale*. Le torrent se fait jour à travers cette digue naturelle et bondit d'un quartier de roc à l'autre.

Les glaciers marchent, ils cheminent, ils avancent ; ou, pour mieux dire, ils glissent sur la pente de la vallée qui les enserre, entraînés en avant par la poussée de leur propre poids. Les plus rapides progressent d'un pan ou deux par jour.

C'est bien peu. N'importe: avec les années, cela fait une longueur. En descendant, le glacier trouve des températures plus fortes, et quand il est parvenu en un point où la chaleur s'oppose à l'existence de la glace, il se termine par un brusque talus, par un escarpement que la fusion détruit toujours, mais que renouvelle toujours l'arrivée des glaces suivantes.

A partir de ce point, le glacier devient liquide et cesse de marcher pour couler; il se change en torrent, qui poursuit en liberté son cours, tandis que de nouvelles neiges s'accumulent dans le haut de la vallée, se convertissent en glace et lentement s'avancent pour remplacer la glace disparue.

Revenons à la moraine frontale, à cette ceinture de blocs de rochers qui se trouvent en avant du glacier. D'où proviennent ces blocs, de toute forme, de toute grosseur, confusément entassés, semblables aux ruines de quelque édifice de géants ?

Sur chacun de ses flancs et dans toute sa longueur, un glacier est bordé par une rangée de débris éboulés des pentes voisines par l'action de la foudre et des intempéries. Ce sont de grands quartiers de roc anguleux, des éclats de pierre, des sables, des boues, pêle-mêle entassés. On donne à ces deux bordures de débris le nom de *moraines latérales*.

Très souvent deux glaciers se rejoignent, débouchent l'un dans l'autre. Alors les deux moraines latérales qui bordaient le promontoire de séparation, se réunissent et forment ensemble une traînée de pierres qui occupe l'intérieur du courant et prend le nom de *moraine médiane*. Autant de glaciers viennent déboucher dans la vallée principale, autant il se produit de moraines médianes.

A mesure que le glacier s'avance dans la vallée, les blocs s'avancent aussi, portés sur le dos des glaces, si considérable que soit leur poids. Chaque roc des moraines latérales et des moraines médianes s'achemine donc lentement, avec la partie du glacier qui le porte, vers l'escarpement terminal.

Si long que soit le voyage, le bloc finit par arriver au bord du talus. Peu à peu l'appui lui manque, il surplombe, la glace se fond sous lui. Il s'ébranle enfin et culbute au milieu de ceux qui l'ont précédé. Ainsi, se forme, en avant du glacier, cet entassement de rochers que nous avons nommé *moraine frontale*.

Pour atteindre le point de la vallée où la chaleur est suffisante pour la fusion totale des glaces, un glacier descend bien au-dessous de la limite des neiges perpétuelles. Dans nos contrées, avons-nous dit, cette limite se trouve vers 2.700 mètres d'élévation. Or certains glaciers des Alpes descendent jusqu'à 1.000 mètres.

A cette hauteur, les grands arbres et les pâturages sont non seulement possibles, mais encore les moissons peuvent fort bien mûrir. On a ainsi l'étrange spectacle de fleuves de glace sous les rayons d'un vif soleil, au milieu des cultures, parmi les noisetiers du vallon.

Tout à côté de la muraille bleue du glacier, les blés jaunissent, les bœufs paissent, les abeilles butinent. Ici, c'est l'été, c'est la chaleur, c'est la vie; là, à deux pas, au fond de la vallée, c'est la glace toujours et toujours renouvelée, c'est l'hiver, c'est la mort.

Non, je me trompe; c'est encore la vie, car de cette masse de glace, sans relâche fondue, sans relâche renouvelée, résulte un torrent, bientôt rivière ou fleuve, qui va distribuer au loin ses eaux vivifiantes.

CHAPITRE XIV

LES GLACES FLOTTANTES.

Sur un globe géographique, à l'un et l'autre pôle, voyez ce grand espace teinté de blanc. Pourquoi cette coloration blanche au lieu du bleu des mers? C'est qu'on a voulu représenter ainsi les neiges et les glaces qui recouvrent perpétuellement les régions voisines des pôles.

En ces régions, un froid violent sévit toute l'année; aussi la mer, gelée à une grande profondeur, y forme une espèce de continent de glace et de neige soudé au rivage des terres. Cette immense plaine de glace est la *banquise*, dont les limites avancent ou reculent un peu suivant la saison.

Sur cette mer devenue solide, sur ce plancher de glace, inébranlable presque autant que le sol, le navigateur, après avoir quitté son vaisseau, continue sa périlleuse expédition en traîneau, avec un attelage de robustes chiens.

Quand vient l'été et que le temps s'adoucit un peu, sur la banquise éclate un fracas plus bruyant, plus terrible que celui des canons. C'est la glace qui, par un commen-

Fig. 21. — Les glaces flottantes.

cement de dégel, se disloque en fragments. Les courants de la mer entraînent ces débris en les faisant osciller et tournoyer sur les flots. Voilà les glaces flottantes.

Il y en a de toute forme. Tantôt c'est une tour, un rempart; tantôt un énorme pilier, ayant pour chapiteau une couche neigeuse d'où pendent des chandelles de glace. Il y en a de façonnées en aiguille, en voûte, en arcade ; on en voit qui ressemblent à des géants de marbre, prenant un bain, plongés jusqu'à la ceinture.

Isolés ou par flottes innombrables, ces glaçons flottants s'éloignent de la banquise brisée et se répandent à la surface de la mer. Ils pirouettent lentement sur eux-mêmes, se penchent ou se redressent, s'éloignent ou se rapprochent suivant les ondulations des flots. Ils frôlent l'un contre l'autre avec des grincements sinistres, ils s'entre-choquent, se brisent avec fracas.

Certains de ces colosses s'élèvent au-dessus de la mer de 100 à 200 mètres, et la partie plongée est environ une dizaine de fois plus grande. Rongés à la base par les eaux, brusquement ils chancellent et chavirent : le dessous vient en dessus, le dessus plonge en dessous.

Sous les rayons du soleil, ils se gercent, se fendillent et parfois éclatent brusquement en mille pièces avec un fracas que l'on a comparé à la décharge simultanée de plusieurs centaines de pièces d'artillerie.

Que peut devenir un navire parmi de pareilles masses s'entre-choquant ? Il est broyé ainsi qu'une noisette entre deux cailloux. Ou bien, cerné par les glaçons que le froid promptement soude en une masse commune, il n'est plus maître de ses mouvements. Faible coquille de noix incrustée dans l'énorme radeau de glace, il va où le pousse le caprice des vents et des flots.

CHAPITRE XV

SOURCES. — PUITS. — RIVIÈRES. — FLEUVES.

La pluie et la neige viennent principalement de la mer. Sur les immensités des océans, il se fait, sans discontinuer, une évaporation énorme. Les vapeurs formées deviennent des nuages; et ces nuages, chassés par le vent, voyagent de côté et d'autre, versant tantôt la neige, tantôt la pluie, suivant les lieux et les saisons.

Cependant l'eau de la pluie et l'eau de la neige fondue ne sont pas salées, quoique venant de la mer. Quand on met de l'eau salée dans une assiette en plein soleil, l'eau seule s'en va et le sel reste, parce que la chaleur est insuffisante, et de beaucoup, pour le vaporiser. De même les vapeurs qui s'élèvent de la mer sont uniquement formées d'eau pure, parce que le sel ne peut les accompagner.

Les eaux versées par les nuages, les pluies et les neiges fondues pénètrent dans le sol, s'y infiltrent, surtout dans les régions montagneuses; elles voyagent quelque temps sous terre en suivant l'inclinaison des pentes, et vont ressortir plus ou moins loin en formant des *sources*.

Ainsi naissent les *ruisseaux*, qui, se réunissant plusieurs, forment une *rivière*. Puis de la réunion de quelques rivières résultent les *fleuves*, qui déversent leurs eaux dans la mer, d'où ces mêmes eaux étaient venues, à l'état de nuages d'abord, ensuite à l'état de pluie ou de neige.

Par des sources, des ruisseaux, des rivières et même des fleuves, s'alimentent les *lacs*, vastes nappes d'eaux amassées dans quelques creux du sol. Nos *puits* s'alimentent par les eaux souterraines, provenant soit des infiltrations des pluies, soit des infiltrations des eaux courantes voisines, rivières et fleuves.

A travers un terrain de gravier, les eaux de la surface descendent plus ou moins bas, puis sont arrêtées par des couches de terre glaise. Un large trou rond est creusé verticalement jusqu'à la rencontre de ces eaux souterraines. Le résultat est un puits, d'où l'eau est tirée soit avec une pompe, soit avec un seau appendu à une corde.

Toutes ces eaux de source, de ruisseau, de rivière, de fleuve, de lac, de puits, s'appellent *eaux douces*, par opposition à celles de la mer, qui sont des *eaux salées*. Elles proviennent cependant de la mer, dont l'immense étendue a fourni, pour la plus grande part, les vapeurs et les nuages d'où elles sont descendues sous forme de pluie et de neige.

Toutes proviennent de la mer et toutes y retournent jusqu'à la moindre goutte : car tous les cours d'eau de la terre, les petits comme les grands, les moindres ruisseaux comme les fleuves énormes, sans discontinuer, s'écoulent dans la mer.

Considérons, par exemple, le petit ruisseau où se pêche l'écrevisse sous une nappe de cresson. Eh bien, le ruisselet s'en va droit à la mer tout comme le plus grand fleuve du monde; il s'en va droit à la mer et y verse ses quelques litres d'eau par seconde.

Mais il n'ose faire le voyage tout seul, et s'en aller trouver la mer comme cela, la mer immense, lui si petit, si petit. Il rencontre de la compagnie en route, il mêle son filet d'eau claire à des ruisseaux plus forts, qui deviennent rivière en se réunissant plusieurs. Le fleuve reçoit la rivière; et la mer, en recevant le fleuve, boit le maigre ruisselet.

Ainsi toutes les eaux courantes, fontaines, ruisseaux, torrents, rivières et fleuves, sans discontinuer, arrivent à la mer ; et cela dans le monde entier. A chaque instant, la mer reçoit donc des masses d'eau incalculables. Comment, avec tant d'eau continuellement reçue, la mer, trop pleine, ne verse-t-elle pas?

Si, quand il est plein, un réservoir reçoit d'une source juste autant qu'il laisse écouler par une ouverture, ce réservoir peut-il verser, bien qu'il lui arrive sans cesse de l'eau ? Evidemment non : perdant autant qu'il gagne, il doit garder le même niveau.

Il en est ainsi de la mer. Elle perd juste autant qu'elle gagne, et de la sorte son niveau reste toujours le même. Les ruisseaux, les torrents, les rivières, les fleuves, se rendent tous à la mer ; mais les ruisseaux, les torrents, les rivières, les fleuves viennent aussi tous de la mer.

Ils ramènent dans l'immense réservoir ce qui en était parti sous forme de vapeur et de nuages : ils y déversent ce que la chaleur du soleil a fait évaporer et pas une goutte de plus.

La mer est le réservoir commun des eaux. Fleuves, sources, fontaines, minces filets d'eau, tout en vient, tout y retourne. L'eau d'une goutte de rosée, l'eau qui circule avec la sève dans les plantes, l'eau qui ruisselle en sueur sur notre front, viennent de la mer et sont en route pour y revenir.

Si petite que soit la gouttelette, elle ne se perdra pas en route. Si le sable aride la boit, la chaleur du soleil l'en retire et l'envoie rejoindre les vapeurs de l'atmosphère, les nuages, et de là, tôt ou tard, le bassin des mers.

CHAPITRE XVI

LE VENT.

L'eau coule dans le lit du ruisseau, de la rivière, du fleuve. Elle secoue, elle fait trembler en la choquant la tige du jonc et du roseau; elle fait tourner la roue du moulin ; elle emporte la barque flottant à sa surface ; elle renverse les digues, les murailles et autres obstacles s'opposant à son cours.

L'air, ordinairement immobile, coule aussi et mieux que l'eau, en certains moments et en certains lieux, tantôt d'un côté, tantôt de l'autre. Alors, il agite les arbres, dont la cime se courbe, se relève, se balance, avec un bruissement de feuilles ; alors il chasse avec lui les nuages, qui voyagent dans les immensités du ciel et vont porter ailleurs soit la pluie, soit la neige.

Alors, sur la mer, il gonfle les voiles du vaisseau qui s'achemine rapidement vers le but de son voyage ; alors, sur la colline, il met en rotation les grandes ailes de toile du moulin à vent, et fait ainsi tourner la meule sous laquelle le grain se broie et devient farine.

L'écoulement de l'air peut même acquérir une extrême violence, comparable à celle d'un torrent dévastateur. Alors les arbres sont cassés ou déracinés ; les toitures des habitations sont emportées, les hautes murailles sont renversées.

Eh bien, le *vent*, c'est de l'air qui se déplace, de l'air qui coule et se précipite d'une région dans une autre. C'est un cours d'air comme le fleuve est un cours d'eau. Seulement ce courant aérien n'est que temporaire; il dure quelques heures, quelques jours, puis s'arrête pour recommencer tôt ou tard, soit dans la même direction, soit dans une direction différente.

De plus, ce fleuve d'air est énorme. De sa largeur, il recouvre des provinces entières ; et sa hauteur peut atteindre des centaines et des milliers de mètres. Quand le vent souffle à terre, regardez au-dessus de vos têtes. De grands nuages fuient, projetant tour à tour leur ombre sur le sol. C'est le vent qui les chasse, le même vent qui règne autour de nous ; ils sont entraînés par le courant aérien de même que des feuilles mortes sont entraînées par le courant de l'eau.

Le flot de l'air en mouvement monte donc jusque là-haut. Sa couche inférieure court sur la plaine; ses couches supérieures atteignent et dépassent la cime des montagnes. Quant aux rives du fleuve aérien, elles sont formées, au voisinage du sol, par les grandes inégalités du terrain ; plus haut, elles sont indécises, très changeantes et consistent en barrières d'air immobile.

Parfois deux courants coulent au-dessus l'un de l'autre, sans se mélanger, et dans des directions contraires. Celui d'en bas, par exemple, coule du nord au midi ; celui d'en haut, du midi au nord. C'est ce que l'on reconnaît à la marche inverse des nuages situés à des hauteurs différentes.

D'où provient le vent? Quelle cause le produit? C'est ce que nous allons apprendre au moyen de quelques expériences très faciles, que chacun de nous pourra répéter à loisir.

Au-dessus d'un poêle bien chaud, secouons une mèche de papier allumé; nous verrons les parcelles réduites en charbon s'élever en tourbillonnant et monter plus ou moins haut, quelquefois jusqu'au plafond. Ces morceaux de papier brûlé, si légers qu'ils soient, ne montent pas tout seuls; il faut qu'un courant les entraîne.

Fig. 22. — L'air chaud, en s'élevant, entraîne les parcelles de papier brûlé.

Ce courant est produit par l'air, qui s'échauffe au contact du poêle, devient de la sorte plus léger et s'élève, aussitôt remplacé par l'air froid voisin, s'échauffant et montant à son tour.

Bien que l'air soit invisible, son ascension est rendue manifeste aux regards par les parcelles de papier brûlé entraînées, de même que le mouvement insensible d'une eau presque dormante est accusé par le déplacement des objets flottant à sa surface.

L'expérience que voici vous plaira davantage. Dans une feuille de papier, taillez un rond large comme la main; puis, avec des ciseaux, découpez ce rond en un ruban spiral, et suivant une ligne qui, partant du bord, se rapproche de plus en plus du centre.

Appuyez le milieu de cette spirale sur la pointe d'un fil de fer disposé verticalement au-dessus du poêle, ou bien fixez-le à un fil long et menu. Alors abandonnez le ruban de papier à lui-même; il se développera, par son poids, en une sorte de tire-bouchon, large à la base, rétréci au sommet, au point où le fil de fer lui donne appui.

Fig. 23. — L'air chaud, en s'élevant, fait tourner la spirale de papier.

Si le poêle est bien chaud, vous verrez ce tire-bouchon tourner, pareil à une ingénieuse mécanique. La cause de cette rotation, la voici : la surface du ruban de papier se présente un peu de travers au courant d'air chaud qui monte; et de l'impulsion ainsi reçue dans toute la longueur du ruban, résulte la mise en rotation de la petite machine.

De la même manière tourne la roue d'un moulin en entier plongée dans l'eau qui se meut ; de la même manière tournent les ailes du moulin à vent sous la poussée de l'air qui coule.

Voilà qui est tout clair d'après ces deux expériences : l'air chaud se met en mouvement et monte, tandis que de l'air froid arrive et le remplace. Si l'on veut rendre sensible cette arrivée de l'air froid, accompagnant le départ de l'air chaud, on s'y prend comme il suit :

Deux appartements sont contigus; l'un est chauffé et l'autre non. Ouvrons la porte de communication et mettons une bougie allumée tantôt dans le bas de l'ouverture, tantôt dans le haut.

Si la bougie est au haut de la porte, nous verrons sa flamme se coucher et se diriger de la pièce chaude vers la pièce froide. Qu'est-ce que cela prouve? — Cela prouve que, dans le haut de l'ouverture, il y a un courant d'air chassant la flamme, et ce courant est composé d'air chaud, puisqu'il se dirige de la pièce chauffée vers celle qui ne l'est pas.

Fig. 24. — Direction inverse de la flamme d'une bougie devant une porte entr'ouverte.

Maintenant plaçons la bougie au bas de la porte: la flamme se couchera encore, mais en sens inverse; elle se dirigera de l'appartement froid vers celui qui est chauffé. Voilà rendue sensible l'arrivée de l'air froid, qui accourt par le bas de la porte, arrive de l'appartement non chauffé, et vient remplacer l'air disparu de l'appartement chauffé.

C'est pareil courant d'air froid qui gémit par le trou des serrures et siffle par les jointures des portes en pénétrant du dehors dans une pièce où l'on fait du feu; c'est enfin ce courant d'air froid qui parfois vous glace les pieds quand on est assis devant un foyer bien garni.

De la même manière se produit le vent. L'air s'échauffe difficilement aux seuls rayons du soleil, ainsi que le prouve le froid des hautes régions de l'atmosphère ; mais il s'échauffe très bien au contact des objets terrestres, qui lui cèdent une partie de leur chaleur ; et surtout au contact du sol, échauffé lui-même par le soleil. C'est ainsi que nous venons de voir l'air s'échauffer au contact du poêle, monter alors et faire tourner la spirale de papier

Devenu plus léger, l'air chaud s'élève, tandis que l'air froid des contrées voisines accourt prendre sa place. Il se produit ainsi un double courant : l'un supérieur, allant de la contrée chaude à la contrée froide ; l'autre inférieur, dirigé de la contrée froide vers la contrée chaude.

C'est en tout pareil à ce qui se passe quand on ouvre la porte de communication de deux appartements inégalement chauds. Résumons, en disant que le vent a pour cause l'inégale distribution de la chaleur sur la terre.

CHAPITRE XVII

LE TONNERRE.

Voici que de gros nuages s'amoncellent, éblouissants de blancheur et mollement arrondis. L'entassement nuageux gagne en épaisseur et en étendue ; il envahit le ciel, il cache le soleil. Ne recevant plus de lumière, les beaux nuages blancs du début deviennent d'un gris sombre avec de grands espaces presque noirs.

C'est maintenant une nuée confuse, ténébreuse, tantôt continue, tantôt déchirée en lambeaux. Au loin, on en voit descendre comme un large rideau brumeux qui joindrait le ciel à la terre. Ce rideau, plus obscur que le reste, est une averse de pluie qui tombe.

Chassée par le vent, la nuée avec son averse sera bientôt ici. Hâtons-nous de rentrer si nous ne voulons pas être mouillés. Mais tout en gagnant notre abri, ne négligeons pas de voir un peu comment les choses se passent, car il n'est guère de spectacle plus instructif, plus imposant que celui d'un orage

Oh! quel éclair!... De l'épaisseur de la nuée a jailli une lumière si vive, que le regard n'a pu en supporter l'éclat; si brusque, qu'elle nous a fait tressaillir de surprise; si prompte, qu'elle n'a pas eu la durée d'un clin-d'œil.

Attendez un peu, écoutez... C'est fait : le tonnerre gronde. D'un nuage à l'autre semble rouler un fracas d'écroulement. Rassurez-vous, enfants : si fort que soit le tonnerre, tout péril a cessé lorsque l'éclair a lui. Rassurez-vous et causons un peu.

Quand j'étais tout petit, je me figurais que le tonnerre était produit par une grosse boule de fer roulant sur la voûte du ciel, faite d'un métal retentissant. Si la voûte crevait en un point, la lourde boule se précipitait à terre et le tonnerre tombait.

D'autres fois, le tonnerre était pour moi un chariot lourdement chargé de ferraille. Il roulait sur une voûte sonore. Sous les roues, parfois une étincelle jaillissait, comme jaillit l'étincelle sous le sabot d'un cheval qui heurte un caillou : c'était l'éclair. La voûte était glissante, bordée de précipices. S'il arrivait que le char versât, la charge de ferraille tombait à terre, écrasant gens, arbres, habitations.

Je ris aujourd'hui de mon explication enfantine, et vous en riez vous-mêmes, tout en ayant dans l'esprit des explications qui probablement ne valent pas davantage, et reposent peut-être sur l'idée d'une voûte sonore.

S'il en est ainsi, disons-le encore, pour la dernière

fois : la voûte bleue du ciel est une simple apparence dont la cause est l'air enveloppant la terre. Autour de nous, il n'y a pas de voûte céleste; il y a simplement une épaisse couche d'air, l'atmosphère en un mot: et par delà cette enveloppe d'air, il n'y a plus rien jusqu'à des distances prodigieuses, où commence la région des astres.

— Nous faisons bon marché de la voûte bleue, me répondrez-vous; nous sommes tous persuadés qu'il n'y en a point. Après?

— Après..... Voilà où commence le difficile. Savez-vous, mes enfants, que vos questions sont parfois bien embarrassantes. Après? c'est bientôt dit; et pénétrés d'une confiance sans bornes dans le savoir du maître, vous attendez la réponse qui va, vous n'en doutez pas, satisfaire votre curiosité.

Il faudrait cependant se bien mettre dans l'esprit qu'il y a une foule de choses au-dessus de votre intelligence, pour lesquelles il faut une raison plus mûre. Avec l'âge et l'étude, beaucoup de choses s'éclairciront, qui maintenant sont ténèbres pour vous.

De ce nombre est la cause du tonnerre. Je veux bien vous en dire quelques mots; mais si vous ne comprenez pas tout à fait, ce ne sera pas de ma faute, car la chose est trop difficile pour vous.

Vous avez entendu souvent le mot d'*électricité*. Vous avez vu, le long des chemins de fer, de gros fils de métal rangés en lignes et supportés par des poteaux. On vous a dit que c'étaient les fils du télégraphe électrique. L'électricité produite par l'industrie de l'homme circule dans ces fils; et c'est elle qui transmet les signaux d'une dépêche avec une rapidité inconcevable, si grande que soit la distance.

Vous avez vu peut-être l'éclairage électrique. Dans des candélabres où ne brûle ni gaz, ni mèche, ni huile, resplendit une lumière rivalisant d'éclat avec celle du soleil. Cette lumière est produite par l'électricité.

Eh bien, cette électricité que nous savons produire pour nous éclairer, transmettre à distance notre pensée et nous rendre une foule d'autres services, se trouve aussi fréquemment et abondamment dans les nuages.

Mais qu'est-ce que l'électricité? — C'est quelque chose d'infiniment subtil qui se trouve partout, même en nous, et se tient habituellement si tranquille, qu'il est impossible d'en soupçonner la présence. Divers moyens la font apparaître avec ses curieuses propriétés. Voulez-vous connaître un de ces moyens? voulez-vous voir un des effets de l'électricité? Faites alors l'expérience que voici :

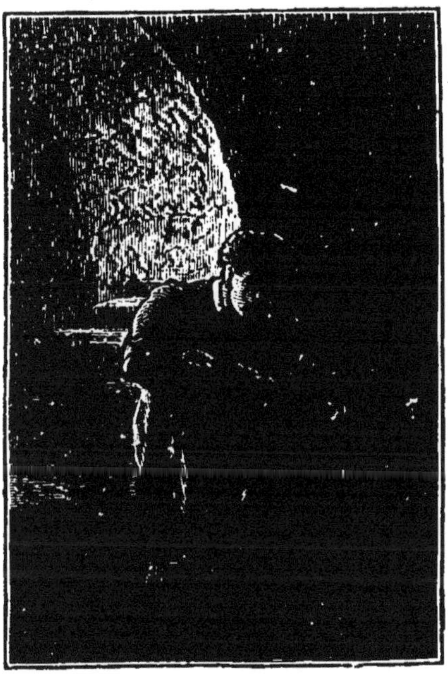

Fig. 25. — On obtient des étincelles électriques en passant la main sur le dos d'un chat.

En hiver, lorsque la bise souffle froide et sèche, prenez sur vos genoux le chat qui sommeille à côté du poêle bien chaud ou devant l'âtre qui flambe; mettez-vous dans l'obscurité; puis passez, repassez doucement la main sur la fourrure de la bête.

Vous verrez le poil du chat ruisseler de perles lumineuses; de petits éclairs d'une lueur blanche jailliront, pétillant et disparaissant à mesure que la main frictionne. On croirait voir les étincelles d'un feu d'artifice allumé dans la fourrure. N'allons pas plus loin sur ce sujet difficile; la physique plus tard vous expliquera cela tout au long.

Or de même que, dans l'éclairage électrique, l'électricité jaillit continuellement sous le verre du candélabre; de même qu'entre les mains et la fourrure du chat éclatent de petits jets lumineux; de même aussi, pendant un orage, l'électricité s'élance par moments d'un nuage à l'autre ou d'un nuage vers la terre.

Ce jet électrique est une immense étincelle, un long ruban de feu d'où résultent l'éclair et le tonnerre; son nom est la *foudre*.

Pour voir ce trait de feu, pour voir la foudre, il faut vaincre une frayeur bien excusable à votre âge, et regarder avec attention les nuées, centre de l'orage. D'un moment à l'autre, on voit alors serpenter un trait éblouissant, simple ou ramifié, et d'une forme sinueuse très irrégulière. La soudaine lueur jetée par le trait de la foudre, c'est l'*éclair*. Le bruit retentissant produit par l'explosion de l'énorme étincelle électrique, c'est le *tonnerre*. Deux choses nous avertissent donc de l'explosion de la foudre : la lumière et le bruit, l'éclair et le tonnerre.

Pareillement, quand on décharge une arme à feu, il y a la lueur produite par l'inflammation de la poudre et le bruit résultant de cette inflammation. Sur les lieux où l'explosion se fait, lumière et bruit éclatent au même instant. Mais pour des personnes éloignées, la lumière, incomparablement plus rapide dans sa marche, arrive avant le son, plus lent dans sa propagation. Si l'on prête attention à la décharge d'un fusil faite à une distance un peu considérable, on aperçoit d'abord l'éclair et la fumée de l'explosion, et l'on n'entend le bruit que quelque temps après, d'autant plus tard que le lieu de l'explosion est plus éloigné.

De même si on regarde à distance un bûcheron qui fend du bois, un maçon qui taille une pierre, on voit la hache s'abattre sur le bois, on voit le maillet taper la pierre, et quelque temps après on entend le choc.

Cela provient de ce que la lumière parcourt un immense trajet dans un temps excessivement court, tandis que le son parcourt seulement 340 mètres par seconde. C'est une belle rapidité, comparable à celle du boulet au sortir de la gueule du canon; mais, après tout, elle n'est rien par rapport à l'incomparable vitesse de la lumière, qui dans la durée d'un clin d'œil ferait plusieurs fois le tour de la terre.

Nous avons là un moyen de savoir à quelle distance on se trouve d'un nuage orageux : il suffit de compter le nombre de secondes qui s'écoulent entre l'instant de l'apparition de l'éclair et l'instant où le tonnerre commence à se faire entendre.

Une seconde, la soixantième partie d'une minute, est à peu près la durée d'un battement du pouls. Il suffit d'ailleurs de compter un, deux, trois, quatre, etc., sans se presser, mais sans y mettre non plus trop de lenteur, pour avoir environ le nombre de secondes.

Surveillez l'instant où un éclair luira dans un nuage, et comptez lentement jusqu'au moment où vous entendrez le tonnerre. Si l'explosion avait lieu tout près de nous, le tonnerre s'entendrait à l'instant même de l'éclair; mais si la foudre éclate à distance, le bruit du tonnerre nous arrivera après l'éclair.

L'œil au guet, l'oreille attentive, vous êtes tous en observation. Chut! L'éclair! Un..., deux..., trois..., quatre... cinq..., six... A douze, le tonnerre gronde. Il a fallu douze secondes au bruit de l'explosion électrique pour nous arriver.

A quelle distance sommes-nous du nuage d'où la foudre a jailli? Nous en sommes à 12 fois 340 mètres; nous en sommes à 4.080 mètres, une lieue et plus. N'est-ce pas là calcul facile et digne d'intérêt? On compte un, deux, trois, quatre, etc., et sans bouger de place on sait à quelle distance la foudre vient d'éclater.

Plus il s'écoule de temps entre l'apparition de l'éclair et l'arrivée du bruit, plus loin on est du nuage orageux. Quand le bruit arrive en même temps que l'éclair, l'explosion a lieu tout près.

Je vous ai prévenus qu'on ne risque plus rien quand on a vu l'éclair. Vous en voyez maintenant la raison. La foudre est aussi rapide que la lumière. L'explosion électrique est donc terminée une fois que l'éclair a lui, et tout danger est passé, car le bruit du tonnerre, si violent qu'il soit, ne peut faire aucun mal. C'est le trait de la foudre qui seul est à craindre.

A ce sujet, je vous apprendrai qu'en rase campagne il serait très imprudent, pendant un orage, de chercher un refuge contre la pluie sous un arbre, surtout s'il est grand et isolé. Si la foudre doit tomber aux environs, ce sera de préférence sur cet arbre.

Les tristes exemples de personnes foudroyées qu'on déplore chaque année se rapportent, pour la plupart, à de malheureux imprudents abrités de la pluie sous le couvert d'un grand arbre.

CHAPITRE XVIII

LE SOLEIL.

Qu'est-ce que le soleil? Est-il bien grand? Est-il bien loin? Voilà, mes chers enfants, ce que je voudrais maintenant vous apprendre.

Et d'abord, est-il bien grand? Pour celui qui s'en rapporte aux simples apparences, le soleil n'est qu'un disque éblouissant, grand au plus comme une roue de rémouleur. Mais en réalité le soleil n'est pas plat comme une meule; il a, comme la terre, la forme d'une boule. Ensuite, il est bien plus grand qu'une meule, serait-ce celle d'un moulin.

Pour vous faire comprendre un peu sa grosseur, je vais prendre un détour et me servir d'une comparaison.

Je suppose que nous ayons devant nous, à notre disposition, quelques grands sacs pleins de blé. Je dénoue un sac, et du bout des doigts je prends un grain de blé, un seul.

Par ce grain de blé que vous voyez là, je représente la terre, la terre entière, entendez-vous, la boule du monde avec ses continents et ses mers. Voici donc, mes amis, la boule terrestre, l'énorme boule qui mesure dix mille lieues de tour. Je la dépose en ce point du parquet. N'allez pas marcher dessus, n'écrasez pas la terre par mégarde!

Il s'agit maintenant, avec d'autres grains de blé, de représenter le soleil, d'après les proportions exactes des grandeurs respectives. Un grain étant la terre, combien en faudra-t-il pour faire le soleil?

— Une imperceptible parcelle de grain suffira, me répondrez-vous sans doute, si les proportions sont bien gardées de part et d'autre, car la boule de la terre est tout ce qu'il y a de plus grand.

— Ah! que dites-vous là? Vous allez voir. Je prends une grande mesure en bois, nommée décalitre, employée pour mesurer les grains, et dont la contenance est de dix litres. Puis à quatorze reprises, je remplis jusqu'au bord la grande mesure, et à quatorze reprises je vide son contenu en un seul tas. Trois sacs y passent, moins un reste insignifiant.

Eh! bien, ce grain de blé qui est là-bas tout seul, c'est la terre; le tas des quatorze décalitres, le grand tas de mes trois sacs, c'est le soleil. Telles sont, avec une rigoureuse exactitude, les dimensions respectives du soleil et de la terre comparés l'un à l'autre.

Vous me regardez d'un certain air d'incrédulité; vous croyez que j'exagère la grandeur du soleil. Non, enfants, ma comparaison n'a rien d'exagéré. Si l'on représente la grosseur de la terre par un grain de blé, celle du soleil doit être représentée par quatorze décalitres, ainsi que je viens de le faire. Un tout petit calcul le prouve.

Les astronomes nous enseignent que le soleil est 1.400.000 fois aussi gros que la terre. Si je m'étais borné à vous citer ce nombre, certainement vous n'en auriez pas compris l'énorme signification. Les chiffres parlent peu à vos jeunes intelligences, qui facilement s'égarent dans la queue de zéros des millions. Je traduis donc en grains de blé le résultat des astronomes.

Pour remplir la capacité appelée litre, il faut environ 10.000 grains de froment. Si vous aviez la patience de compter les grains nécessaires pour remplir un verre, et si vous cherchiez après combien de fois le litre contient le plein verre, vous arriveriez à ce résultat que d'autres, bien avant vous, ont constaté.

Pour remplir la grande mesure dont je viens de me servir, enfin le décalitre, qui vaut 10 litres, il faut 10 fois plus de froment ou 100.000 grains. Et pour remplir 14 décalitres, il en faut 14 fois plus ou 1.400.000 grains.

Le soleil est 1.400.000 fois aussi grand que la terre. Il est donc représenté par 1.400.000 grains ou par 14 décalitres quand la terre est représentée par un seul grain.

Vous avez trouvé la boule de la terre énorme; et. malgré mes comparaisons, votre imagination, j'en suis sûr, n'a pu se figurer encore les choses comme il faut. Que sera-ce du soleil, qui est, lui, un million quatre cent mille fois aussi gros que la terre ! Si nous supposions le soleil creux comme une boite sphérique, pour le remplir il faudrait un million quatre cent mille boules grosses comme la terre.

Quelle erreur était la nôtre ! Ce petit disque brillant, auquel nous aurions hésité à accorder, crainte d'exagération, les dimensions d'une roue de moulin, est un globe tellement gros, que la terre, la terre si vaste, n'est plus rien comparée au colosse.

Puisqu'il est si grand, pourquoi nous paraît-il si petit ? Parce qu'il est excessivement éloigné. Les objets nous paraissent d'autant plus petits qu'ils sont plus éloignés; ils finissent même par devenir invisibles. Une haute montagne vue de loin ne semble qu'une colline médiocre; la croix qui surmonte un clocher, vue d'en bas, paraît bien petite, malgré ses grandes dimensions.

Il en est de même du soleil, il ne paraît si petit que parce qu'il est très éloigné; et comme son éloignement est prodigieux, il faut que sa grosseur soit excessive; sinon, bien loin d'apparaître à nos regards comme une meule éblouissante, il cesserait d'être visible pour nous.

L'astronomie nous apprend que nous sommes éloignés du soleil de 38 millions de lieues. Encore un nombre qui demande des explications pour être un peu compris. Les 38 millions de lieues qui nous séparent du soleil représentent 3.800 fois le tour de la terre, qui est de 10.000 lieues.

Un homme, bon marcheur, capable de parcourir tous les jours dix lieues, sans une journée de repos, mettrait, nous l'avons déjà vu, environ trois ans pour faire le tour de la boule terrestre. Il lui faudrait alors près de douze mille ans pour se rendre de la terre au soleil, en supposant le parcours possible.

La plus longue vie humaine est incomparablement trop courte pour un trajet de cette longueur, et cent générations de cent années chacune, se succédant en chemin et réunissant leurs efforts, n'y suffiraient même pas.

Essayons un marcheur plus rapide, la locomotive des chemins de fer, cheminant avec une rapidité qui donne le vertige. Supposons donc une locomotive qui ne s'arrête jamais et possède une vitesse de 15 lieues par heure. Ainsi lancée, la machine se transporterait, en moins d'une journée, d'un bout à l'autre de la France.

Et cependant pour faire un trajet égal à la distance de la terre au soleil, elle mettrait plus de trois siècles. Pour pareil voyage, la machine la plus rapide qui soit sortie des mains de l'homme n'est donc guère qu'un lourd colimaçon à qui l'ambition viendrait de faire le tour du monde.

CHAPITRE XIX

LA CHALEUR SOLAIRE.

D'où vient la pluie ? Des nuages. — D'où proviennent les nuages ? Des vapeurs fournies par la mer. — Comment se forment ces vapeurs ? Par l'évaporation des eaux qu'échauffe la chaleur du soleil.

Sans le soleil, pas d'évaporation, pas de nuages, pas de pluie, pas de neige, dont l'origine est la même ; pas de vent non plus, car le vent est de l'air qui se déplace entre deux régions inégalement chaudes.

C'est le soleil qui forme les nuages, c'est lui qui fait neiger et pleuvoir, c'est lui qui fait souffler le vent. Sa chaleur est cause de l'orage, du bruit de la foudre et du roulement du tonnerre.

Et toutes ces choses sont indispensables à la prospérité générale. Au lieu de retomber inutiles sur les mers qui les ont fournies, les vapeurs sont amenées par le vent au-dessus des terres, qu'elles fertilisent de leurs pluies. Les nuages sont comme d'immenses arrosoirs qui voyagent poussés par le souffle des vents.

L'orage, avec ses coups de foudre et ses retentissants tonnerres, est le purificateur de l'air. Nous brûlons des torches de paille et de papier dans les appartements qu'il faut assainir; avec ses longs traits de feu, la foudre remplit un rôleanalogue dans l'étendue de l'atmosphère.

Chacun de ces éclairs qui nous font tressaillir de frayeur, chacun de ces coups de tonnerre qui nous remplissent de crainte, est un acte du grand travail de purification qui s'opère en faveur de la vie. Et qui ne sait avec quels délices, après un orage, la poitrine s'emplit d'un air plus pur?

Réunissant leurs eaux, les rivières forment les fleuves,

les ruisseaux forment les rivières, et les sources forment les ruisseaux. Mais ces sources, d'où proviennent-elles?

Elles proviennent des eaux pluviales infiltrées dans le sol, ou bien des neiges amassées sur les hautes montagnes et lentement fondues; elles proviennent enfin des vapeurs envoyées de la mer dans l'atmosphère par la chaleur du soleil..

C'est donc le soleil qui fait couler la rivière et le fleuve; c'est le soleil qui fait bruire le ruisseau sur son lit de cailloux; c'est le soleil qui fait surgir la source et l'alimente d'une eau toujours et toujours renouvelée.

A la chaleur du soleil sont dues les pluies, les sources, les eaux courantes, sans lesquelles la terre, desséchée, aride, ne pourrait nourrir ni la plante ni l'animal.

Le courant du fleuve amène dans la plaine des limons fertilisants; il transporte de lourds fardeaux, embarcations chargées de marchandises, radeaux de bois de chauffage ou de poutres de sapin destinées au charpentier et au menuisier. Le ruisseau fait tourner le moulin qui met le froment en farine.

Utilisées par nous, les eaux courantes travaillent. Leur force vient de leur mouvement, de leur chute, de leur descente. Mais pour descendre il faut d'abord monter. Qui donc a élevé les eaux courantes jusqu'aux sources d'où elles viennent, et d'où elles se rendent à la mer, toujours en descendant?

C'est le soleil. Sa chaleur a élevé jusqu'aux plus hautes cimes les vapeurs de la mer, devenues plus tard pluie ou neige. Les cours d'eau résultant des pluies et des neiges, suivent désormais les pentes du sol dans leur retour à la mer et acquièrent, par la descente, la force que nous utilisons.

Lorsque vous entendrez le tic-tac du moulin au milieu des peupliers et des aunes, lorsque vous verrez sur un fleuve descendre un énorme radeau de bois de chauffage ou de bois de construction, rappelez-vous que c'est le soleil qui met tout cela en mouvement, puisque les eaux du fleuve et du ruisseau lui doivent de pouvoir descendre.

Songez aussi que le navire à voiles voyage poussé sur les flots par le vent ; que le moulin établi sur le haut de la colline tume ses grandes ailes de toile sous le souffle du vent. C'est encore le soleil qui pousse le navire, c'est encore le soleil qui fait tourner le moulin, puisqu'il est le générateur du vent.

Fig. 26. — Le moulin à vent.

Un chêne vient d'une semence, d'un gland. D'abord pas plus haut que le petit doigt, il grandit avec les années et devient enfin arbre énorme, que le bûcheron abattra pour fournir du bois à nos foyers, ou bien que le charbonnier brûlera à demi pour obtenir le charbon destiné à nos fourneaux.

Comment le petit arbre venu du gland a-t-il formé tout ce bois? comment a-t-il amassé tout ce charbon? C'est à l'aide du soleil sans lequel tout végétal rapidement dépérit. Voyez, en effet, comme une plante cachée dans l'ombre, sous une pierre, pâlit, blanchit et se meurt affamée.

La bûche est mise dans le foyer, le charbon est mis dans le fourneau. Ils brûlent. Voilà de la chaleur pour nous garantir des rigueurs de l'hiver, pour préparer nos aliments. D'où vient-elle ? Du bois et du charbon sans doute, et en remontant plus haut, du soleil, car sans le soleil est impossible le travail de végétation créant du bois.

Par une rude journée d'hiver, ah ! qu'il fait bon devant l'âtre bien garni de tisons ardents ! au dehors, la neige tourbillonne, des chandelles de glace pendent au bord des toits ; au coin du foyer, une douce chaleur vous pénètre, vous ranime.

En ce moment de délicieux bien-être, n'oubliez pas d'où vient la chaleur des tisons. Elle vient du soleil, qui l'a amassée, emmagasinée pour ainsi dire dans le bois, né du travail de ses rayons. C'est la chaleur de l'été qui, mise en réserve par le soleil dans les rondins de chêne, nous réchauffe l'hiver.

La houille est du charbon ; elle a pour origine des végétaux antiques dont les races n'existent plus aujourd'hui. Ces végétaux des anciens âges, ensevelis maintenant dans les profondeurs du sol par les bouleversements de la terre, ont fait comme les végétaux de l'époque présente : ils ont amassé dans leur bois et leur charbon la chaleur du soleil.

Avec la houille se chauffent les foyers de nos machines à vapeur, qui filent, tissent, impriment, fabriquent le

Fig. 27. — La machine.

Fig. 28. — La locomotive.

papier, travaillent les métaux et font mille métiers. L'une d'elles est la locomotive des chemins de fer, sorte de bête de somme artificielle qui, en guise de fourrage, s'alimente de houille.

Quand vous la verrez passer avec son long panache de vapeur et sa file de voitures où trouve place toute une population de voyageurs, si l'on vous demande : Qu'est-ce qui la fait mouvoir, répondez hardiment : C'est le soleil.

C'est le soleil, en effet, car elle chemine poussée par la force de la vapeur, et cette vapeur vient de l'eau chauffée par la houille, et cette houille doit sa chaleur au soleil.

Supposons-nous maintenant en hiver. Les arbres ont perdu leur feuillage, ils étalent tristement leurs rameaux nus ; la campagne est privée de verdure et de fleurs ; la végétation semble frappée de mort. Pourquoi cela ? Parce qu'il ne fait pas assez chaud.

Mais la chaleur revient, et voilà que les gazons verdoient, que les semences germent, que les bourgeons déploient leurs premières feuilles, que les oiseaux, jusque-là muets, reprennent leurs gazouillements. C'est le réveil des bois et des champs, le réveil des fleurs, de l'animation, de la vie. Un peu de chaleur, venue du soleil, est cause de cette résurrection.

La chaleur augmente et la moisson monte, verte d'abord, puis blonde et finalement chargée d'épis alourdis de grains. La grappe se colore, pleine d'un jus sucré ; les fruits mûrissent ; des semences de toute sorte enrichissent les champs.

Nous devons donc au soleil le pain, fourni par le froment ; le vin, donné par la grappe ; l'huile, retirée de l'olive et de la noix. Nous lui devons toute notre nourriture, depuis le moindre fruit, la mûre des buissons, jusqu'au succulent gigot du mouton.

Oui, le gigot de mouton, car le mouton se nourrit d'herbe, et, sans le soleil, l'herbe ne pousse pas. Toute créature doit au soleil ce qui la fait vivre. Sans le soleil pas de gazon et par conséquent pas d'agneau ; sans agneau, pas de loup et autres mangeurs de chair, parmi lesquels le premier est l'homme.

Le chardonneret lui doit la semence qu'il va cueillir sur la tête des chardons, le moineau lui doit la cerise qu'il goûte dans nos vergers avant nous ; le plus petit insecte, caché sous l'herbe, lui doit jusqu'à la moindre de ses bouchées.

La chaleur du soleil est la source première du mouvement et de l'activité, de l'animation et de la vie sur la terre.

CHAPITRE XX

LA TERRE TOURNE.

J'ai lu, je ne sais où, l'histoire d'un original dont l'esprit de travers ne pouvait s'accommoder des choses faciles. Pour arriver au résultat le plus simple, il lui fallait des moyens dont l'extravagance excitait la risée de tous. Un jour, voulant faire rôtir une alouette, imaginez ce dont il s'avisa ! Je vous le donne en dix, je vous le donne en cent.

Mais bah ! vous ne trouveriez pas. Figurez-vous donc qu'il construisit une machine compliquée avec force rouages, cordes, poulies, contre-poids, et le tout, s'ébranlant, allait et revenait, montait et descendait. C'était à devenir sourd du fracas des ressorts et du grincement des roues mordant l'une dans l'autre. La maison tremblait de la chute des contre-poids.

A quoi bon cette machine ? Servait-elle au moins à faire tourner l'alouette devant le feu pour la faire rôtir ? — Allons donc ! c'eût été trop simple. Elle servait à faire tourner le feu devant l'alouette. Les tisons allumés, le foyer, la cheminée, pesamment entraînés par l'énorme machine, tournaient tout d'une pièce autour du modeste gibier, immobile sur sa broche.

Vous riez, enfants, de cette idée extravagante ; mais

prenez garde, vous aussi, sans vous en douter, vous faites tourner les tisons, le foyer, la maison tout entière autour de l'alouette.

Vous dites du soleil qu'il se lève et qu'il se couche. Il se lève à l'orient, monte radieux au plus haut du ciel, où il arrive à midi ; puis il redescend des hauteurs de la voûte céleste, pour disparaître à l'occident et continuer, de l'autre côté de la terre, son voyage circulaire de chaque jour.

Rappelez-vous la grosseur prodigieuse du soleil. Vous voulez que lui, le géant du ciel, le colosse devant lequel la terre n'est qu'une motte d'argile, roule dans l'espace, avec une vitesse épouvantable, pour distribuer à notre petit globe la lumière et la chaleur ! Songez donc aux trois sacs de blé et au grain tout seul. Si quelqu'une de nos machines devait faire mouvoir l'un autour de l'autre, serait-ce l'énorme tas qu'il conviendrait de faire voyager autour du grain ?

Non ! ce mécanisme est contraire à la raison ; l'admettre, c'est vouloir précisément faire tourner les tisons, le foyer, la maison tout entière autour d'un oisillon embroché.

Le simple bon sens veut que le grain de blé se remue autour du grand tas de trois sacs ; que l'alouette tourne devant la cheminée. De même la terre doit tourner, et non le soleil. Mais alors comment le soleil et les autres astres semblent-ils faire le tour de la terre, en se levant d'un côté pour se coucher du côté opposé ?

C'est de la plus grande simplicité. La terre tourne devant le soleil, de manière à présenter successivement ses différentes parties aux rayons de l'astre ; elle pirouette sur elle-même et fait un tour complet toutes les vingt-quatre heures. Le mouvement de sa rotation est dirigé d'occident en orient, en sens inverse du parcours apparent du soleil, que nous voyons se lever à l'orient et se coucher à l'occident. Avec cela, tout s'explique sans difficulté.

Laissez-moi d'abord vous rappeler une observation que ne manque pas de faire toute personne voyageant en chemin de fer. Les arbres du bord de la voie, les poteaux du télégraphe, les haies, les maisons, semblent se mouvoir et courir en sens inverse du train. Il semble fort bien que les arbres marchent. Ceux du bord s'en vont vite, vite; plus loin les hauts peupliers, rangés en longues files, cheminent en balançant leurs cimes. Les champs tournent en rond, les maisons s'enfuient. Comme c'est étrange! on voit courir ce qui réellement ne bouge pas!

Il en est toujours ainsi : lorsqu'un mouvement assez doux nous emporte, nous perdons plus ou moins conscience de ce mouvement, et les objets d'alentour, en réalité immobiles, nous paraissent se mouvoir dans une direction contraire.

Maintenant revenons à la terre. Elle tourne sur elle-même d'occident en orient, et fait un tour entier juste en vingt-quatre heures. La boule terrestre, qui nous emporte dans sa rotation, est comparable au train du chemin de fer; le soleil, les étoiles et les divers astres du firmament sont comparables aux arbres, aux maisons, aux poteaux qui bordent la voie.

Comme il n'y a dans le mouvement de la terre ni cahot, ni heurt d'aucune sorte, nous n'avons en rien conscience de ce mouvement, si rapide qu'il soit. Aussi, à moins qu'une laborieuse réflexion ne vienne nous avertir du contraire, nous croyons fermement être immobiles, tandis que les divers corps du firmament nous paraissent se mouvoir eux-mêmes et tourner en sens inverse de notre propre déplacement, c'est-à-dire de l'orient à l'occident.

La rotation du ciel et de ses astres n'est donc qu'une illusion, absolument pareille à celle que nous montrent les arbres de la campagne fuyant en sens inverse du train qui nous emporte sur la voie ferrée.

La terre tourne et nous tournons avec elle. Par suite de ce mouvement, le soleil, les étoiles et tous les astres, tant qu'ils sont, nous paraissent défiler en sens contraire, comme défilent les arbres, les maisons, les champs, quand nous sommes en chemin de fer. Puisque le soleil semble faire le tour de la terre en vingt-quatre heures, d'orient en occident, c'est la preuve que la terre tourne sur elle-même en vingt-quatre heures, d'occident en orient.

En vingt-quatre heures elle fait un tour. Alors les points de la surface qui font le plus grand chemin, ceux du milieu, parcourent, dans le même temps, un cercle égal au circuit de la terre, c'est-à-dire 40 millions de mètres ou 10.000 lieues. Leur vitesse est ainsi de 416 lieues par heure, ou bien de 462 mètres par seconde.

C'est à peu près la vitesse du boulet au sortir de la gueule du canon; c'est trente fois environ la vitesse de la locomotive la plus rapide. Montagnes, plaines, mers, tout court à la fois, sur un cercle toujours recommencé, avec ce prodigieux élan. Et pourtant tout cela nous semble en repos.

En s'élevant à une certaine hauteur avec un ballon, vous vous imaginerez peut-être qu'on doit voir la terre rouler au-dessous. Les mers et les îles, les continents et leurs montagnes doivent successivement venir se placer sous les yeux de l'observateur qui, en vingt-quatre heures, parcourt du regard le tour entier de la terre. Quel magnifique spectacle cela doit être! Quel voyage si merveilleux et si peu fatigant!

Votre merveilleux voyage, mes enfants, n'a qu'un défaut, mais très grave : il est absolument impossible. En s'élevant dans les hauteurs de l'air avec un ballon, il semble d'abord qu'on devrait voir rouler la boule du monde et passer sous ses pieds les terres et les mers. Rien de pareil n'a lieu, car l'atmosphère tourne avec la boule terrestre et entraîne le ballon dans la rotation générale, au lieu de la laisser en place, comme il le faudrait pour que l'observateur eût successivement sous les yeux les diverses régions de la terre.

Assistons du moins en imagination à ce spectacle, puisque nous ne pouvons le faire en réalité. — Où nous causons maintenant, il passera d'abord la mer, le sombre Atlantique, qui remplacera les cris de vos jeux par la grande voix de ses flots. Dans moins d'une heure, l'Océan sera ici. Quelque grand vaisseau de guerre, avec sa triple rangée de canons, viendra flotter peut-être, toutes voiles au vent, au point que nous occupons.

La mer est passée. Ce sont maintenant l'Amérique du Nord, les grands lacs du Canada, et les interminables prairies où les Indiens à peau rouge chassent le bison.

La mer recommence, bien plus large que l'Atlantique; elle met près de sept heures à défiler. Qu'est-ce que cette traînée d'îles où des pêcheurs empaquetés de fourrures font sécher des harengs? — Ce sont les Kouriles, au sud du Kamtchatka. Elles passent vite : à peine avons-nous le temps de leur donner un coup d'œil.

C'est à présent le tour des faces jaunes, des Mongols et des Chinois aux yeux obliques. Oh! que de choses curieuses il y aurait à voir ici! Mais la boule tourne toujours, et la Chine est déjà loin.

Les plateaux sablonneux de l'Asie centrale, des montagnes plus hautes que les nuages viennent après. Voici les pâturages des Tartares, où hennissent des troupeaux de cavales; voici les plaines herbues de la Caspienne avec les Cosaques, au nez camus; puis la Russie méridionale, l'Autriche, l'Allemagne, la Suisse, la France. La terre a fait un tour.

CHAPITRE XXI

LE JOUR ET LA NUIT.

La terre tourne devant le soleil, de manière à présenter successivement ses différentes parties aux rayons de l'astre; elle pirouette sur elle-même comme une toupie.

C'est le jour pour les régions qui voient le soleil, c'est la nuit pour les régions opposées. Telle est la cause bien simple du jour et de la nuit. En vingt-quatre heures, la terre fait un tour sur elle-même. De ces vingt-quatre heures se composent la durée du jour et la durée de la nuit correspondante.

C'est le jour pour la moitié de la terre qui regarde le soleil, c'est la nuit pour la moitié opposée. Mais comme la boule tourne, chaque pays vient successivement se mettre en face du soleil, tandis que d'autres passent dans la moitié non éclairée. De même, l'alouette qui tourne devant le foyer présente, à tour de rôle, chacun de ses flancs aux ardeurs de la flamme. On pourrait presque dire que c'est le jour pour la moitié de l'alouette qui regarde le feu, et la nuit pour l'autre moitié.

Puisque c'est l'une après l'autre que la terre, en tournant, présente aux rayons solaires ses différentes régions, le soleil ne se lève pas à la fois pour tous les points de la boule terrestre : par conséquent tous les pays n'ont pas à la fois la même heure.

En ce moment, je suppose, il est midi pour Paris. C'est aussi midi dans la France entière, à 24 ou 25 minutes près pour les points extrêmes de l'est et de l'ouest; c'est midi, l'heure du plein soleil, l'heure où l'astre radieux arrive au plus haut du ciel.

Suivez-moi sur le globe géographique du côté de l'est, C'est deux heures pour l'Égypte, deux heures pour le paysan du bord du Nil, qui, en ce moment, sous l'ombre avare de quelque palmier, puise de l'eau dans le fleuve avec des seaux de cuir et arrose son carré d'oignons; deux heures pour le Cafre, qui, frotté de beurre rance, brave, à l'affût du rhinocéros, la cuisante piqûre des moustiques.

Fig. 29. — Le Rhinocéros.

C'est quatre heures pour le mineur des monts Ourals, qui poursuit dans le granit le filon d'or et de platine. Triste métier que celui de ce chercheur d'or. Je vois plus bas les plaines herbues et salées des bords du lac d'Aral. Le moment n'est pas loin où le pâtre tartare ira traire ses cavales pour préparer la boisson de lait aigrie.

Sur les bords du Gange, il est six heures : l'occident s'empourpre et le soleil se couche. Le crocodile, du milieu des herbages du fleuve, lève au ciel son œil vert, dresse sa tête hideuse, pour donner un dernier regard à l'astre flambeau du monde, qui luit sur le reptile aussi bien que sur l'homme; l'éléphant le salue de sa trompe et le tigre l'acclame de ses rugissements.

Fig. 30. — Le Crocodile.

Voici une ville immense où les gens ont soupé quand nous dînons nous-mêmes. C'est la capitale de la Chine, c'est Pékin, dans l'obscurité de huit heures du soir. Sur les places publiques, aux clartés des lanternes de couleur, la foule circule rieuse, avec sa longue mèche de cheveux retombant du haut du crâne aux talons. Le tam-tam et la flûte de bambou appellent les promeneurs au spectacle des marionnettes en plein vent.

Qu'aperçois-je là bas, à la même heure, presque à l'autre bout du monde? Sur la lisière du bois, une demi-douzaine d'abrutis, assis en rond autour d'un foyer mourant, fouillent les cendres avant de s'endormir, pour en extraire les derniers débris d'un nid de fourmis rouges qu'on a mis griller pour la pitance du soir. Ce sont les naturels de l'Australie, pauvres déshérités de la famille humaine.

Au Kamtchatka, la nuit est depuis longtemps close, c'est

dix heures passées. Ici on doit dormir. Attendez cependant : malgré l'obscurité, il me semble entrevoir une hutte

Fig. 31. — L'Ours blanc.

à demi enfoncée dans le sol. C'est cela. La cheminée fume; alors, on veille. L'ours a donné dans le piège, le poisson a rempli les filets : de là régal prolongé dans la nuit. Devant l'âtre flambant, alimenté d'os et de graisse, on festoie de tranches de lard et d'eau-de-vie de genièvre.

Fig. 32. — Ours blanc attaquant des pêcheurs.

Un peu plus loin, aux extrémités de la Sibérie, vers le détroit de Behring, c'est minuit. C'est un peu moins de minuit pour la Nouvelle-Zélande et la Nouvelle-Calédonie. Silence! n'éveillons pas ici les gens qui dorment, gens couverts d'horribles tatouages et avides de chair humaine. Quittons au plus vite ces coins de terre, où la civilisation traque dans leurs repaires les derniers anthropophages.

Nous sommes maintenant au centre de la nuée d'archipels de l'Océanie. Passons toutes ces îles qui dorment sous la feuillée des cocotiers; franchissons la grande mer où, dans l'obscurité, errent de çà et de là des points lumineux, signaux des navires en marche, et atteignons l'Amérique du Nord.

En Califormie, il est deux heures du matin; San-Francisco, sa capitale, dort encore. A l'embouchure du Mississipi, il est six heures du matin. Le héron rose qui, dressé sur une patte au plus haut de la berge, voit le disque glorieux surgir du sein des mers, jette un cri d'allégresse, et d'un coup d'aile se porte devant. Plus au nord, près des grands lacs du Canada, l'élan brame au soleil levant, dans la ramée blanchie de givre; plus au sud, aux premiers rayons du jour, les marsouins roulent joyeux dans la houle des mers du Chili.

Fig. 33. — Le Héron.

Sur les côtes occidentales du Groënland, il est huit heures du matin pour l'Esquimau. Depuis l'aube, avec son traîneau attelé d'une douzaine de chiens, le vaillant chasseur court la plaine neigeuse, à la poursuite du renard bleu.

Fig. 34. — Attelage de chiens de l'Esquimau.

Il est huit heures pour le centre du Brésil; huit heures pour le colibri qui trouve déjà trop forte la chaleur de son ciel de feu et se retire à l'ombre dans les bois, après avoir butiné tout le matin sur les fleurs, en compagnie des papillons, moins beaux, moins légers que lui.

Il est dix heures au cœur de l'Atlantique; il est enfin midi pour nous. Mais le globe tourne et les rôles changent. Qui dormait s'éveille, qui veillait s'endort; qui travaillait se repose, qui se reposait travaille; et de la sorte, au grand atelier de la terre, l'activité ne chôme un seul instant.

CHAPITRE XXII

L'ANNÉE.

En même temps qu'elle tourne sur elle-même dans l'intervalle de vingt-quatre heures, la terre tourne en rond autour du soleil dans l'intervalle d'un an.

Dans le jeu de la toupie se trouve un bel exemple de deux mouvements analogues, exécutés ensemble. Lorsque la toupie tourne sur sa pointe immobile à la même place, enfin quand elle dort pour me servir de l'expression usitée dans vos jeux, elle ne possède que le mouvement de rotation sur elle-même. Mais en la lançant d'une certaine façon, vous le savez mieux que moi, elle chemine sur le sol tout en tournant sur sa pointe.

Dans ce cas, elle reproduit en petit le double mouvement de la terre. Sa rotation sur la pointe représente le mouvement révolutif de la terre sur elle-même; sa course sur le sol représente le mouvement de translation de la terre autour du soleil.

Vous pouvez encore vous familiariser avec le double mouvement de la boule terrestre comme il suit : placez au milieu d'une salle une table ronde, et sur cette table une bougie allumée, qui figurera le soleil. Puis tournez autour de la table, tout en pirouettant sur vous-mêmes.C hacune de vos pirouettes correspond à un tour de la terre sur elle-même, et votre parcours autour de la table correspond à son voyage autour du soleil.

Remarquez qu'en tournant sur vous-mêmes, vous présentez successivement aux rayons de la bougie, le devant, un côté, l'arrière et l'autre côté de la tête, qui, dans notre expérience, peut représenter la boule terrestre ; de sorte que chacune de ses parties est tour à tour éclairée et dans l'ombre.

La terre ne fait pas autrement : pendant qu'elle circule autour du soleil, elle lui présente, l'une après l'autre, ses diverses régions, et de là résulte pour un même lieu l'alternative du jour et de la nuit, ainsi que nous l'avons déjà vu.

Mais en même temps qu'elle tourne sur elle-même, la terre voyage autour du soleil. Elle met trois cent soixante-cinq jours à ce voyage ; elle fait trois cent soixante-cinq pirouettes sur elle-même pendant qu'elle accomplit un voyage autour du soleil. Le temps employé à ce parcours forme la durée d'une année.

Figurez-vous tournant autour de la table ronde dont je vous parlais tantôt, et dont le centre est occupé par une bougie allumée représentant le soleil, tandis que vous représentez la terre. Chacune de vos promenades autour de la table est une année. Pour représenter exactement les choses, il faudrait tourner trois cent soixante-cinq fois sur les talons pendant qu'on circule une fois autour de la table.

Des deux mouvements de la terre, vous en connaissez un, celui de la pirouette. C'est le moins rapide, malgré sa vitesse de 10.000 lieues en vingt-quatre heures, ce qui correspond à peu près à l'élan du boulet lorsqu'il sort de la gueule du canon. L'autre, le mouvement de translation autour du soleil, est incomparablement plus rapide.

La terre met un an pour accomplir son voyage autour du soleil ; mais comme elle circule à une distance énorme de cet astre, à une distance de 38 millions de lieues, elle parcourt l'étendue avec une vitesse dont rien ne saurait vous donner une idée. Cette vitesse est de 27.000 lieues à l'heure. Dans le même temps, la locomotive la plus rapide parcourt une quinzaine de lieues environ. Comparez et jugez.

Avec une vitesse de 27.000 lieues à l'heure, la boule terrestre s'en va roulant dans l'étendue, sans essieu, sans appui, toujours sur la ligne idéale qui lui a été donnée pour champ de course. Son mouvement est si rapide, que l'effroi vous saisit en y songeant; il est si doux, que les méditations des savants ont pu seules le constater.

Résumons tout cela en quelques lignes : la durée d'une rotation de la terre sur elle-même est le *jour*, de vingt-quatre heures; la durée du voyage autour du soleil est l'*année*, de trois cent soixante-cinq jours.

CHAPITRE XXIII

LES SAISONS.

La terre ne tourne pas droite devant le soleil, elle tourne un peu penchée, de façon que, dans son voyage annuel, elle présente inégalement et tour à tour aux rayons du soleil ses deux moitiés ou *hémisphères*, l'hémisphère nord et l'hémisphère sud. De cette inclinaison de la terre résultent les *saisons*.

Il y a quatre saisons, chacune de trois mois : le *printemps*, l'*été*, l'*automne* et l'*hiver*. Le printemps comprend environ du 20 mars au 21 juin; l'été, du 21 juin au 22 septembre; l'automne, du 22 septembre au 21 décembre; l'hiver, du 21 décembre au 20 mars.

C'est l'été pour notre pays et pour toute la moitié de la terre dont il fait partie, enfin pour tout l'hémisphère nord, lorsque cet hémisphère se présente au soleil dans la position la plus favorable pour en recevoir la lumière et la chaleur; enfin, quand il se trouve bien en face du soleil. Cela commence le 21 juin et finit le 22 septembre.

Le 21 juin est pour nous l'époque des plus longues journées et des plus courtes nuits; le soleil est visible pendant seize heures environ et invisible pendant huit.

Plus au nord, la durée de la journée augmente encore et celle de la nuit diminue. Il y a des pays où le soleil, plus matinal qu'ici, se lève à deux heures du matin, pour se coucher à dix heures du soir; d'autres encore où les heures de son lever et de son coucher se confondent, de telle sorte que l'astre disparaît à peine un instant, puis reparaît presque aussitôt.

Enfin au *pôle* même de la terre, c'est-à-dire en ce point qui reste immobile pendant que tous les autres tournent, comme le fait le bout de l'essieu d'une roue, on assisterait à l'étrange spectacle d'un soleil qui ne se couche plus, qui tourne dans le ciel six mois entier, également visible à minuit et à midi. Dans ces contrées polaires, il n'y a plus alors de nuit.

L'époque des longues journées est aussi l'époque des plus fortes chaleurs. C'est sous les rayons ardents du soleil d'été que la moisson jaunit ses épis, que les fruits se colorent et mûrissent. Alors se recherche la fraîcheur de l'ombrage, alors se fréquente la rivière pour les ébats de la natation.

Six mois plus tard, le 21 décembre, l'hiver commence. A cette époque, la terre présente au soleil, non plus son hémisphère nord, mais bien son hémisphère sud, de façon que nos pays sont dans la position la moins favorable pour recevoir les rayons solaires.

C'est alors, pour nous, l'inverse de ce qui a lieu au mois de juin. A huit heures du matin, le soleil se lève; à quatre heures du soir, il est déjà couché. C'est huit heures de jour pour seize heures de nuit.

Plus au nord, il y a maintenant des nuits de dix-huit, de vingt, de vingt-deux heures, et des journées correspondantes de six, de quatre, de deux. Dans le voisinage du pôle, le soleil ne se montre plus pendant des semaines, et pendant des mois entiers: enfin, au pôle même, pendant six mois, c'est la même obscurité à midi comme à minuit.

Avec les journées courtes arrive le froid. La neige blanchit les montagnes et puis la plaine; les nappes d'eau se couvrent de glace; la végétation s'arrête, engourdie; une foule d'animaux, qui ne trouvent plus maintenant de quoi vivre, tombent dans un profond sommeil après avoir fait choix d'une sûre retraite. N'ayant plus de quoi manger, ils dorment du sommeil de la marmotte.

Pour vous, enfants, qui savez faire tourner à votre avantage même la triste saison, c'est l'époque des plaisirs de la glissade et des pelotes de neige.

Comme les deux moitiés de la terre se présentent tour à tour et peu à peu au soleil, un moment vient où les rayons solaires arrivent également sur l'une et sur l'autre de ces deux moitiés. Cela se passe deux fois l'an, le 20 mars et le 22 septembre.

Au 20 mars, commence pour nous le printemps. Alors, sur toute la terre, les journées et les nuits sont d'égale durée : le soleil reste levé pendant douze heures, il reste couché pendant douze heures. A partir du 20 mars, les journées, pour nous, dépassent les nuits en durée.

C'est le printemps, la riante saison des prairies vertes, des bois à feuillage nouveau, des champs de blé devenus des tapis couleur d'émeraude, des coteaux jaunis par les genêts en fleur, des haies d'aubépine répandant d'amères senteurs. Alors, sur le seuil de son terrier, chante le grillon, blotti dans l'herbe; alors revient l'hirondelle; alors dans la ramée l'oiseau construit son nid.

Le 22 septembre commence l'automne. A cette époque reparaît l'égalité du jour et de la nuit sur toute la terre, douze heures de jour et douze heures de nuit, avec cette différence que, pour nous, à partir de cette date, les journées ont une moindre durée que les nuits.

En automne se fait la vendange et se foule la grappe, dont le jus devient le vin; en automne se récoltent la plupart des fruits. Alors commencent à descendre les oiseaux voyageurs qui, prévoyant l'approche de la rude saison, abandonnent le Nord pour se porter au Midi, où ils trouvent une nourriture abondante. Ils font halte dans nos pays, s'engraissent et tombent sous le plomb du chasseur.

Fig. 35. — La vendange.

Fig. 36. — La chasse.

Puisque le soleil échauffe tour à tour chaque moitié de la terre plus que l'autre moitié, suivant la manière dont la boule terrestre penchée se présente aux rayons solaires, il est visible que les deux hémisphères ont leurs saisons opposées.

Quand c'est l'été pour l'hémisphère nord, c'est l'hiver pour l'hémisphère sud; pareillement, quand c'est l'hiver pour le premier hémisphère, c'est l'été pour le second.

Prenez un globe géographique et cherchez la France. Nous sommes, je suppose, en été; le soleil nous accable de sa chaleur; sur les arbres poudreux les cigales bruissent; le lézard vert halette de lassitude dans l'épaisseur de la haie.

Eh bien, en ce moment, à l'autre bout du monde, la froide bise souffle, la neige tombe, les rivières se gèlent. Mais aussi quand pour nous reviendra l'hiver, pour ce pays de là-bas viendra l'été.

CHAPITRE XXIV

LE FEU.

Le feu est pour l'homme de la plus grande utilité. Sans le feu, combien nous serions misérables! Quand nous grelottons transis de froid, ah! comme il est bon de se rapprocher du feu et d'en recevoir la bienfaisante chaleur!

Notre nourriture exige l'emploi du feu. Certes, un

Fig. 37. — La cuisine.

Fig. 38. — Le four du boulanger.

gigot de mouton est un excellent manger; mais il faut d'abord le faire cuire. S'il restait cru et saignant, qui oserait y mordre? Ce serait nourriture de bête féroce et non nourriture humaine. Il faut faire cuire aussi la pâte de la farine pour qu'elle devienne du pain; il faut faire cuire les pois, les haricots, les lentilles et autres légumes pour les rendre mangeables. Sans le feu, tout ce que prépare la cuisine serait impossible, et nous n'aurions à manger que des fruits, nourriture insuffisante.

Il faut le feu pour faire rougir le fer dans la forge; il se façonne alors sur l'enclume à grands coups de marteau et devient tel ou tel autre outil : houe, bêche, râteau du jardinier, charrue du laboureur, pic et ciseau du maçon.

Fig. 39. — La forge.

Il faut le feu pour fondre le verre qui, devenu carreaux de vitre, nous garantit, dans nos appartements, de l'air froid extérieur tout en laissant passer la lumière. Il faut le feu pour fabriquer le savon, qui nous rend le linge propre; le feu pour obtenir la chaux et le plâtre, nécessaires à la construction de nos demeures.

Voyez maintenant passer sur le chemin de fer la locomotive fumeuse, avec sa longue file de voitures. Qui la fait mouvoir avec tant de vitesse? qui lui donne la force de transporter une foule de voyageurs et un poids immense de marchandises? Le feu.

D'autres machines accomplissent les travaux les plus variés. Les unes nous tissent le drap et la toile; celles-ci impriment les journaux et les livres? celles-là font du papier avec des chiffons au rebut. Qui les met en mouvement, qui fait tourner leurs rouages? Le feu. Oui, le feu est pour nous de la plus grande utilité. Sans lui, dans quelle profonde misère serions-nous restés!

Fig. 40. — La verrerie.

Cependant on ignore comment l'homme, en ses débuts, s'est procuré le feu. Peut-être a-t-il profité de quelque incendie allumé par la foudre; peut-être a-t-il embrasé son premier tison au foyer d'un volcan. Quel que soit ce point de départ, l'homme, dès les temps les plus reculés, est en possession du feu; mais comme les moyens de le rallumer, s'il vient à s'éteindre, sont d'un emploi difficile, ou même manquent totalement, on veille d'abord à son entretien avec un soin extrême, on conserve d'un jour à l'autre un peu de braise.

L'extinction des foyers dans toutes les demeures serait une calamité si grande, que, pour prévenir pareil désastre, la religion prit le feu sous sa sauvegarde. Dans l'ancienne Rome, il y a bien des siècles, une corporation de prêtresses appelées Vestales, était chargée de veiller nuit et jour sur la conservation du feu sacré. La malheureuse qui le laissait éteindre était punie d'un horrible supplice : on l'enterrait vivante !

Fig. 41. — Les Vestales.

Bien des siècles se sont écoulés avant que l'on sût aisément se procurer du feu. En mon jeune temps, j'avais alors votre âge, l'entretien de quelques charbons qui devaient servir à rallumer le feu le lendemain étaient encore une préoccupation dans la campagne. Le soir, avant de se coucher, on couvrait soigneusement la braise de cendre chaude, pour l'empêcher de se consumer et la conserver ardente.

Si malgré cette précaution, l'âtre était froid le lendemain, on courait chez le voisin emprunter du feu, c'est-à-dire un peu de braise, que l'on emportait chez soi au fond d'un vieux sabot, pour que le vent ne la dispersât point.

Les moyens pour obtenir le feu sont en général basés sur la production de chaleur par le frottement. Chacun de vous sait qu'on se réchauffe les mains en les frictionnant l'une contre l'autre. Voilà un premier exemple de la chaleur que le frottement peut donner.

En voici un autre. Prenez par la queue un bouton de métal, à tête ronde, et frottez-le vivement sur le bois de la table. Il deviendra assez chaud pour produire sur la peau une vive impression, et même causer une douloureuse brûlure.

C'est par un moyen analogue que certaines peuplades sauvages se procuraient et se procurent encore du feu.

On fait tourner rapidement entre les mains un bâton de bois dur dont la pointe s'engage au fond d'une cavité creusée dans du bois tendre et très inflammable. Si la friction est vive et habilement conduite, le bois tendre prend feu.

Ce moyen, je l'avoue, ne réussirait guère entre vos mains, faute d'adresse et de force. Cependant, dans l'atelier d'un tourneur en bois, vous pourriez voir ce procédé par la friction réussir très bien. Pour obtenir des filets bruns sur certains objets façonnés au tour, on appuie fortement la pointe d'un morceau de bois sur la pièce en rotation rapide. La ligne ainsi frictionnée, en quelques instants, fume et se carbonise.

Je passe à d'autres moyens. Le fer et l'acier, celui-ci surtout, frottés contre une pierre très dure, donnent des étincelles, provenant de menues parcelles de métal qui se détachent et s'échauffent assez pour rougir et brûler dans l'air Ainsi la roue du rémouleur, quoique arrosée continuellement d'eau, lance une gerbe d'étincelles sous l'acier qu'on aiguise ; ainsi le caillou heurté par le sabot ferré d'un cheval jette de soudaines et vives lueurs.

Le vulgaire briquet agit d'une façon pareille : c'est un morceau d'acier que l'on bat contre le tranchant d'une pierre très dure, appelée silex ou pierre à fusil. Des parcelles d'acier se détachent du briquet, rougissent par le frottement et mettent feu à l'amadou.

Celui-ci est une matière très combustible, que l'on obtient en coupant en minces tranches et en faisant sécher un gros champignon, nommé bolet amadouvier, qui vient contre le tronc des arbres.

CHAPITRE XXV

LES ALLUMETTES.

Comme l'amadou brûle sans flamme, le point ardent obtenu avec le briquet, avant l'intervention de nos allumettes actuelles, ne suffisait pas pour obtenir du feu : il fallait recourir au soufre, qui possède la propriété de s'enflammer rien qu'en touchant un corps embrasé. Le soufre se trouve surtout au voisinage des volcans, où il forme, dans le sol, tantôt des amas purs de tout mélange, tantôt des agglomérations avec la terre et les pierres. Le travail de l'homme se borne à épurer, par la fusion, le soufre tel qu'il a été recueilli.

Les anciennes allumettes étaient des tiges de chanvre, que l'on plongeait par un bout dans du soufre fondu. On les enflammait en approchant l'extrémité soufrée soit d'un charbon conservé rouge sous les cendres, soit de l'amadou embrasé par le briquet.

Nos allumettes d'aujourd'hui sont bien préférables. Il suffit de les frotter sur le couvercle de la boîte, sur le mur, sur le bois, n'importe où, et c'est fait : le feu brille. Cet inestimable avantage d'obtenir sans difficulté du feu à l'instant même, nous le devons au phosphore.

Il y a un peu plus de deux siècles, un vieux savant dont la cervelle avait un peu tourné, cherchait à convertir en or les métaux de peu de prix. Avec de vieux clous rouillés et des marmites au rebut, il espérait faire de l'or. Mais il ne réussit pas dans ses recherches, et il ne devait pas réussir, vu que la chose est impossible. L'or ne se fait pas, on le trouve dans certaines mines, et il n'est pas en notre pouvoir d'en créer avec n'importe quelle matière.

A bout de ressources dans ses folles recherches, le

vieux savant alla s'imaginer, voyez quelle bizarrerie! qu'il trouverait dans l'urine l'ingrédient capable de changer tous les métaux en or.

Le voilà à faire bouillir de l'urine, à l'évaporer, à faire cuire le dégoûtant résidu, puis avec ceci, puis avec cela, tant et tant qu'à la fin, un soir, il vit quelque chose reluire dans ses fioles. Ce qui reluisait, ce n'était pas de l'or, mais quelque chose de plus important : c'était le phosphore qui nous donne aujourd'hui le feu.

Enfants, ne vous moquez pas du vieux savant et de sa cuisine insensée. En cherchant l'impossible, il a fait une découverte d'une importance immense : il nous a mis, d'une façon complète, en possession du feu. Nous lui devons l'allumette chimique, cette précieuse source de lumière et de feu, d'un emploi si facile et si prompt.

Si vous examinez une allumette chimique, vous verrez que l'extrémité inflammable contient deux substances : du soufre appliqué sur le bois, et une autre matière appliquée sur le soufre. Cette dernière est du phosphore, coloré au moyen d'une poudre bleue, rouge ou brune, suivant le caprice du fabricant. Le phosphore seul est un peu jaune et transparent comme de la cire.

Son nom veut dire porte-lumière. En effet, quand on le frotte entre les doigts dans l'obscurité, les doigts se couvrent de lueurs blanches. On sent en même temps une odeur d'ail ; c'est l'odeur du phosphore. Cette matière est excessivement inflammable : pour peu qu'on la chauffe ou qu'on la frotte sur un corps dur, elle prend feu. De là son emploi dans la fabrication des allumettes.

Les allumettes ordinaires sont de petites baguettes de bois, saule, peuplier ou sapin. Ces baguettes, rangées dans des cadres, sont d'abord trempées, par l'une de leurs extrémités, dans du soufre fondu. A cette première couche, dont le rôle est de nourrir la flamme et de lui donner une intensité suffisante pour mettre le feu au bois, il faut superposer la couche inflammable par frottement et composée avant tout de phosphore.

On répand donc sur une table de marbre une pâte demi-fluide où il entre du phosphore, de la colle, du sable très fin et une matière colorante. Les allumettes, en place dans leurs cadres, sont posées un instant, par leur extrémité soufrée, sur la pâte inflammable, et portées ensuite dans une étuve, où la couche phosphorée se dessèche.

La friction, favorisée par le sable fin incorporé dans la pâte, développe assez de chaleur pour mettre le feu au phosphore; celui-ci communique son inflammation au soufre, et le soufre met le feu au bois.

Le phosphore est une substance horriblement vénéneuse. Il faut beaucoup se méfier des allumettes sous ce rapport, et même des boites qui en ont contenu. Leur contact avec nos aliments pourrait amener de bien graves accidents.

Cette matière terrible se trouve pourtant dans le corps de tous les animaux. Il y en a dans l'urine, d'où pour la première fois il fut retiré; il y en a dans la viande, dans le lait, dans les os surtout. Il s'en trouve aussi dans les plantes, en particulier dans les céréales: la farine et le pain en contiennent.

Mais rassurez-vous: nous ne courons aucun risque d'être empoisonnés en buvant une tasse de lait, en mangeant de la viande et du pain. Le phosphore ne s'y trouve pas seul: il y est associé, combiné avec d'autres substances qui lui enlèvent absolument toute propriété vénéneuse et le rendent même utile, nécessaire à la vigueur du corps. Il n'est à redouter comme poison qu'à l'état isolé, c'est-à-dire à l'état où les allumettes le contiennent. C'est encore dans cet état seul qu'il est inflammable. Associé avec d'autres matières, il cesse de pouvoir prendre feu.

Je dois vous dire enfin que le procédé employé le premier pour obtenir le phosphore est depuis longtemps abandonné. On retire aujourd'hui cette substance des os des animaux. Par un admirable travail de l'industrie, les os, blanchis au feu, nous donnent le phosphore, et par conséquent la lumière et la chaleur.

CHAPITRE XXVI

LA COMBUSTION.

Allumons une pelletée de charbon sur le fourneau de la cuisine. Le charbon prend feu, devient rouge et se consume en produisant de la chaleur. En quelque temps, il ne reste qu'une poignée de cendres, d'un poids bien petit par rapport à la quantité de charbon brûlé. Qu'est devenu alors le charbon ?

— Il s'est consumé, il s'est brûlé, allez-vous me répondre. — D'accord. Mais se consumer, serait-ce se réduire à néant ? Le charbon, une fois brûlé, n'est-il plus rien, absolument plus rien ?

— Il est devenu cendres, direz-vous encore. — Ce n'est pas encore tout à fait cela : car les cendres qui restent après la combustion sont bien peu de chose en comparaison de la quantité de charbon brûlé. Une grande pelletée de charbon nous a donné seulement quelques pincées de cendres.

Vous voyez que la question n'est pas mal embarrassante. Puisqu'on ne retrouve du charbon brûlé qu'un peu de cendres, on serait tenté de croire que le reste est anéanti. Si tel est votre avis, apprenez qu'en ce monde rien ne s'anéantit, ne retourne à rien après avoir été quelque chose.

Essayez d'anéantir un grain de sable. Vous pourrez l'écraser, le mettre en fine poussière ; mais le réduire à rien, jamais. Et les hommes les plus habiles, avec des moyens plus variés, plus puissants que les nôtres, ne l'anéantiraient pas davantage. En dépit de toutes les violences, le petit grain de sable existera toujours, sous une forme ou sous une autre.

Néant et hasard, ces deux grands mots que nous employons à tout propos, en réalité ne signifient rien. Tout est réglé par des lois ; tout persiste, indestructible. La forme, l'aspect, les apparences changent ; le fond reste le même.

Le charbon consumé n'est donc pas anéanti. Il n'est plus dans le fourneau, c'est vrai. Où est-il alors ? Il est dans l'air, en dissolution sous un état invisible.

Vous me regardez avec de gros yeux étonnés, quand je dis que le charbon brûlé existe toujours et qu'il se trouve dans l'air. Vite alors un exemple pour vous faire un peu comprendre cette curieuse chose.

Quand on met un morceau de sucre dans l'eau, ce sucre se fond, se dissémine dans le liquide et cesse d'être visible aux regards les plus perçants. A l'aide de ce merveilleux instrument, le microscope, qui fait paraître une puce grosse comme un bœuf, nous ne le verrions pas davantage.

Ce sucre, impossible à voir, n'en existe pas moins. La preuve, c'est qu'il a communiqué à l'eau une propriété nouvelle, la saveur sucrée. Rien n'empêche d'ailleurs de le faire reparaître tel qu'il était au début. Il suffit d'exposer l'eau sucrée, dans une assiette, aux rayons du soleil. L'eau seule partira, réduite en vapeur par la chaleur du soleil, et le sucre restera.

Ainsi fait à peu près le charbon. En brûlant, il se dissout, il se fond dans l'air et devient invisible. Cette dissolution se nomme *combustion*.

Or, pour activer le feu, que faisons-nous? Avec un soufflet, nous lançons de l'air sur le combustible. A chaque bouffée, le feu s'avive. Les charbons, d'un rouge sombre d'abord, deviennent d'un rouge vif, puis d'un blanc ardent. L'air apporte une nouvelle vie au sein du foyer.

Pour empêcher le combustible de se consumer trop vite, que faisons-nous au contraire? Nous le recouvrons de cendres, nous le préservons ainsi de l'arrivée de l'air. Sous la couche de cendres, le charbon garde sa chaleur et se conserve longtemps rouge, mais sans se consumer.

Ainsi le feu ne s'entretient dans un foyer que par l'arrivée continuelle de l'air, qui dissout le charbon. Plus la dissolution est abondante et rapide, plus la chaleur produite est forte.

Voilà pourquoi le poêle chauffe tant lorsqu'il ronfle bien. L'air arrive en abondance par la grille et passe avec bruit à travers les charbons rouges. Mais si l'on empêche l'air d'entrer en fermant la porte du cendrier, la chaleur baisse aussitôt. Non seulement la chaleur baisse, mais le poêle finirait par s'éteindre s'il n'arrivait dans le fourneau absolument plus d'air.

Il faut de l'air au charbon et au bois pour brûler ; il en faut à tout combustible, si facile qu'en soit l'inflammation. Le soufre, le phosphore même de nos allumettes, sans air ne pourraient brûler.

En s'imprégnant de charbon dissous, l'air acquiert des propriétés nouvelles, tout comme l'eau en se chargeant de sucre ou de sel. C'est alors une substance nuisible, un gaz malfaisant, d'autant plus à craindre que rien n'en révèle la présence, car il n'a aucune odeur, aucune couleur. L'air ordinaire n'échappe pas mieux à nos sens.

Vient-on à respirer ce gaz redoutable, aussitôt le cerveau se trouble, la torpeur vous gagne, les forces s'en vont, et la mort arrive promptement si l'on n'est secouru.

Nous avons tous entendu parler de malheureux qui, par mégarde, quelquefois, hélas! à dessein, ont trouvé la mort dans une chambre close où brûlait un réchaud de charbon. L'air imprégné de charbon dissous est cause de ces lamentables accidents.

On comprend alors combien il importe de faire écouler

au denors, par une cheminée, l'air qui vient d'agir dans la combustion. S'il se répandait librement dans la pièce où l'on se trouve, surtout lorsque celle-ci est petite et bien close, cet air nous exposerait à de graves périls.

Méfions-nous surtout d'un réchaud de braise dans un petit appartement. Qu'elle soit bien ardente ou à demi éteinte, couverte de cendres ou non, cette braise donne un air mortel, qui n'annonce sa présence par rien de sensible et nous surprend toujours en traître. La mort peut survenir avant même que le danger soit soupçonné.

CHAPITRE XXVII

LE CHARBON DE BOIS.

Quand il commence à brûler, le bois donne de la flamme et produit de la fumée. Puis il noircit, devient charbon et se consume en braise ardente presque sans flamme et sans fumée, qualité bien précieuse pour la propreté de nos cuisines. Devenu charbon, le bois donne en outre une chaleur vive et de longue durée, qui nous dispense d'une surveillance pénible.

Il convient donc de convertir le bois en charbon pour l'usage des fourneaux de cuisine. Or, comment faire pour opérer ce changement? C'est tout simple : il faut, en brûlant le bois à demi, faire partir ce qui produit la flamme et la fumée. Voici comment s'y prennent les charbonniers au milieu des forêts.

Sur un terrain battu, ils construisent, avec quelques bûches plantées en terre, une sorte de cheminée, autour de laquelle ils rangent le bois par étages superposés. On ne prend de l'arbre abattu que les petites branches; le tronc et les grosses branches sont réservés pour d'autres usages, comme bois de chauffage ou bois de construction.

A la base du tas sont ménagées des ouvertures, des *évents*, pour l'arrivée de l'air. On couvre le tout d'une

Fig. 42. — Préparation du charbon de bois.

couche de terre et de mottes de gazon, en ne laissant libres que la cheminée centrale et les évents de la base. Enfin, avec des broussailles sèches, on met feu au tas.

Il semble d'abord que tout ce bois va brûler en pure perte et ne laisser que des cendres. C'est bien ainsi que les choses se passeraient effectivement si l'on n'avait pris soin d'entraver la combustion avec l'enveloppe de terre et de mottes de gazon, enveloppe qui rend l'arrivée de l'air difficultueuse.

Sans air toute combustion est impossible ; avec peu d'air, la combustion marche lentement. Aussi, dans le tas enveloppé de terre, le feu ne gagne que peu à peu, et le bois ne se consume qu'à demi. D'ailleurs, si le feu se propage trop vite, les charbonniers se hâtent de boucher avec des mottes de gazon quelques soupiraux de la base, et au besoin tous. En réglant ainsi l'arrivée de l'air, l'augmentant ou le diminuant à leur gré, ils parviennent à ne brûler le bois qu'à demi et à le convertir en charbon.

Quand ils jugent que le tas est bien ardent dans toutes ses parties, ils étouffent le feu avec de la terre et laissent l'amas se refroidir. Le tas est alors démoli. A la place du bois primitif, il ne contient plus que du charbon. Les quelques morceaux dont la combustion n'a pas été assez avancée se reconnaissent à leur couleur rousse et forment les *fumerons* qui se rencontrent de temps en temps parmi le charbon.

On appelle *fumerons* ces mauvais morceaux de charbon si désagréables par la fumée qu'ils répandent. On les retire du fourneau pour les jeter dans l'âtre de la cheminée, où ils peuvent fumer sans inconvénient. Le meilleur charbon s'obtient avec le meilleur bois de chauffage, avec le bois de chêne.

CHAPITRE XXVIII

LA HOUILLE.

La houille provient des végétaux, aussi bien que le charbon ordinaire, dont vous connaissez maintenant la préparation au milieu des bois. Mais les charbonniers ne la font pas ; les mineurs vont la chercher toute faite dans les entrailles de la terre, à de grandes profondeurs. Et voilà pourquoi la *houille* s'appelle aussi *charbon de terre*.

La houille, vous dis-je, provient des végétaux. Oui, cette sorte de pierre noire et luisante avec laquelle le maréchal entretient le feu de sa forge, a fait partie, il y a des milliers de siècles, bien avant l'existence de l'homme, d'arbres et d'arbustes élégants comme on n'en trouverait aujourd'hui que dans les pays les plus favorisés du soleil.

Cette pierre noire a vécu. En voici la preuve. En général, la houille est une masse informe, qui ne laisse pas soupçonner son origine; mais bien des fois elle renferme, parfaitement reconnaissables, des végétaux convertis en charbon.

Certaines assises de houille sont en entier formées d'un entassement de feuilles, serrées l'une contre l'autre en bloc compact, et conservant, malgré leur conversion en charbon, tous les détails de leur délicate structure.

Voici en image quelques-uns de ces fragments de houille. N'est-ce pas là de gracieuses feuilles? Comme

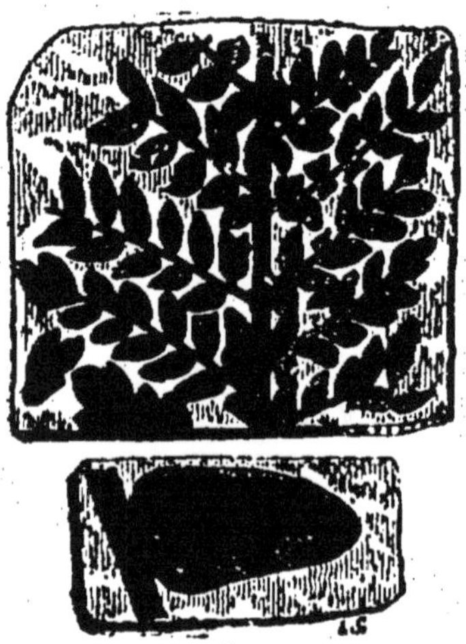

Fig. 43. — Végétal de la houille.

Fig. 44. — Végétal de la houille.

elles sont joliment appliquées sur la pierre noire! On dirait qu'on les a découpées dans une très mince plaque de charbon. Ce sont là des restes de forêts si vieilles, si vieilles, qu'il n'existait encore aucun oiseau, aucun quadrupède pour les habiter.

Quand vivaient les plantes dont vous avez sous les yeux un débris, la terre était couverte d'une puissante végétation, comme il n'y en a plus de notre temps. Cette végétation, enfouie par les bouleversements du sol, s'est convertie en charbon par une lente pourriture, et est devenue d'énormes amas de houille, que le mineur va maintenant chercher sous terre.

La houille, combustible à bon marché et donnant une chaleur ardente, est, pour ainsi dire, l'âme de l'industrie moderne. C'est elle qui fait mouvoir la locomotive des chemins de fer traînant à sa suite une lourde file de wagons; c'est elle qui permet aux navires à vapeur de braver les vents et les tempêtes.

C'est elle qui alimente les foyers à haute cheminée de nos usines; c'est elle qui, pour le préparer à être façonné, ramollit le fer dans la forge du serrurier, du maréchal, du forgeron; c'est à l'aide de sa chaleur que se travaillent les métaux, que se fabriquent nos instruments, nos outils, nos étoffes, nos poteries, notre verrerie, et une foule innombrable d'objets les plus nécessaires.

Outre la chaleur, la houille nous fournit la lumière. Les villes sont éclairées avec des candélabres où ne brûle ni huile ni mèche, mais un jet de gaz dont la combustion produit une magnifique flamme blanche.

On obtient ce gaz en chauffant de la houille au rouge dans de grands fourneaux en fonte, sans communication aucune avec l'air. Dans le tas de bois des charbonniers, l'air arrive un peu, et la combustion se fait à demi: dans les fourneaux où l'on chauffe la houille, l'air n'arrive pas du tout, et le charbon de terre ne peut en aucune façon brûler, si fortement qu'on le chauffe. La houille alors se décompose, en donnant du gaz en abondance.

Des canaux disposés sous terre conduisent ce gaz de l'usine dans tous les quartiers et le distribuent aux candélabres. La nuit venue, on ouvre des robinets; le gaz s'écoule, prend feu à l'approche d'une petite lanterne allumée placée au bout d'un roseau, et la flamme éclairante aussitôt jaillit.

Ce gaz, qui a supporté sans brûler la haute température des fourneaux où se travaille la houille, prend feu maintenant, avec la facilité de la poudre, rien qu'à l'approche d'une lanterne où brûle un bout de bougie. D'où provient cette différence? Est-il besoin de le dire? elle provient de ce que l'air n'arrive pas dans les fourneaux où le gaz prend naissance, tandis qu'il arrive librement dans les candélabres. Voilà donc bien une substance des plus inflammables qui, sans le concours de l'air, ne peut absolument pas brûler.

Fig. 45. — L'usine à gaz.

Ce qui reste dans les fourneaux après la fabrication du gaz de l'éclairage, est une sorte de charbon nommé *coke.* Sa couleur est d'un gris de fer et son éclat est presque métallique.

Le coke développe plus de chaleur que le meilleur charbon de bois; mais il est d'une combustion difficile, et, pour bien brûler, il doit être abondamment entassé et sous l'influence d'un bon courant d'air.

Le chauffage domestique l'utilise pour les poêles et surtout pour les grilles. Il a, sur la houille, l'avantage de ne pas donner de fumée et d'être ainsi moins salissant. Le coke est par rapport à la houille ce que le charbon ordinaire est par rapport au bois : il contient ce que contenait la houille, moins les matières à flamme et à fumée.

CHAPITRE XXIX

LES ÊTRES VIVANTS.

C'est toujours un événement pour la maisonnée lorsque la chatte, seule la veille, est retrouvée le lendemain, en un coin du grenier, avec une famille de petits chats, dans une corbeille bourrée de paille. On accourt voir les nouveau-nés.

Ils sont quatre, les yeux encore fermés, le nez rose, les oreilles courtes et rondes. Et la chatte doucement ronronne de bonheur en léchant, lavant les mignonnes créatures qui, de la patte, pétrissent la mamelle, pour faire venir le lait. Oui, c'est un événement pour la maisonnée que la naissance d'une famille de petits chats.

La chatte les a mis au monde, elle est leur mère. Maintenant elle va les élever, les nourrissant d'abord de son lait, puis de petite proie, guettée et surprise à leur intention. Quand ils seront devenus assez forts pour se suffire à eux-mêmes, elle les abandonnera, sans plus s'en occuper.

Mais la chatte, avant d'être la tendre mère d'aujourd'hui, a été, à son tour, toute petite chatte, allaitée, nourrie, lavée, réchauffée par une autre mère, qui pareillement, elle aussi, provenait d'une mère plus vieille, laquelle de son côté provenait d'une quatrième; et ainsi de suite, en remontant toujours, jusqu'à un point de départ qu'il ne nous est pas possible de préciser.

L'agneau, le chevreau, le petit chien, nous apprennent même chose. Point d'agneau sans la brebis, sa mère, point de chevreau sans la chèvre, point de petit chien sans la chienne. Et ces trois mères descendent de trois autres qui les ont précédées, elles-mêmes venues d'une brebis, d'une chèvre, d'une chienne d'âge plus reculé; et toujours ainsi en remontant. Ces divers animaux, et tous les autres tant qu'il y en a, proviennent donc, chacun dans son espèce, d'autres animaux semblables et antérieurs appelés *parents*.

Dans un trou de muraille, le moineau a fait son nid, grossier amas de bourre, de plumes et de foin. Là, reposent les œufs, d'un blanc cendré, avec des taches et des marbrures brunes. La mère les couve, les réchauffe pendant des jours et des jours de la chaleur de sa poitrine. Ils éclosent.

Voici maintenant une famille de jeunes, tout nus encore, aveugles, branlant la tête et ouvrant leur bec jaune, quand le père et la mère tour à tour apportent la becquée, tendres vermisseaux et petites chenilles. Dans peu de semaines, vêtus de plumes et forts, ils prendront la volée, et l'an prochain, ils construiront des nids à leur tour, pour élever de nouvelles familles.

Or, les jeunes de la nichée actuelle ont des parents, un père et une mère qui ont construit le nid d'un travail commun, et qui maintenant rivalisent de zèle pour trouver et apporter à leurs petits une nourriture convenable. La mère a pondu les œufs ; elle les a couvés, remplacée de temps en temps par le père, lorsqu'elle sortait pressée par le besoin de manger.

N'est-il pas vrai que les parents, les vieux, les maîtres du ménage, ont débuté, eux aussi, par faire partie de nichées plus vieilles, qu'ils ont eu père et mère soignant les œufs d'où ils sont venus ? N'est-il pas vrai que toute la série des moineaux du passé remonte ainsi de nichée en nichée ?

De tout cela, que conclure ? La réponse saute aux yeux : les animaux *naissent ;* ils proviennent, chacun dans son espèce, d'animaux pareils, leurs *parents*.

Le jardinier a semé une poignée de haricots. Couvées par la chaleur de la terre, ces graines, on dirait presque ces œufs, germent, lèvent et donnent autant de jeunes plants, qui grandissent, montent, fleurissent et se couvrent enfin de nombreuses gousses, dans chacune desquelles se trouve une rangée de graines mûres, pareilles à celles que le jardinier avait enterrées dans le sol. Maintenant les plants se dessèchent et périssent, mais les semences restent, propres à donner de nouveaux plants en saison favorable.

Mais revenons au carré de haricots dans toute sa vigueur, alors que le feuillage est vert et que les fleurs s'épanouissent. Chaque pied vient d'une graine, c'est tout clair. Cette graine, qui l'a fournie? Un autre plante pareille, de même que le moineau produit les œufs de son nid.

Le plant actuel de haricot provient donc d'un autre plant de haricot, qui lui-même remonte à un autre, puis à un autre, un autre encore, jusqu'à un point de départ excessivement reculé, impossible à dire.

Et cela doit se répéter de toute plante, de tout végétal gros ou petit, car tous débutent par l'état de graines, et ces graines ont été produites par des végétaux de même espèce et d'âge plus reculé.

Imitant en cela les animaux, les végétaux *naissent* donc; chacun d'eux doit l'existence à un végétal semblable, son *parent*. *Parent* ici veut dire simplement producteur de la semence d'où la plante est venue, car la parenté entre végétaux n'est pas accompagnée de maternelles tendresses pareilles à celles de la chatte pour ses petits.

CHAPITRE XXX

LES ÊTRES VIVANTS (*Suite*).

Le petit chat d'aujourd'hui, faible créature aux paupières collées, ouvrira bientôt les yeux, d'abord troubles et bleus. Dans quelques semaines, il sera gentil minet, joueur, chassant de sa patte leste la mèche de papier appendue à un fil que l'on fait courir devant lui. Plus tard, il deviendra matou grondeur, se querellant sur les toits avec les chats du voisinage. Mais d'ici là le petit être doit bien grossir.

Or, rien ne se fait avec rien. La moindre soie des moustaches du chat exige des matériaux pour se former. Ces matériaux pour l'accroissement de tout le corps, où sont-ils pris ? Ils sont puisés dans les aliments dont l'animal se nourrit. Et voilà pourquoi le petit chat tette ; voilà pourquoi plus tard il croquera la souris attrapée au grenier et le morceau de fromage dérobé à la cuisine. Il se nourrit pour se fortifier et grandir ; la nourriture est pour lui matière à construction de l'édifice de son corps.

Mais un moment arrive où le chat ne grandit plus, ayant acquis toute la croissance que sa nature comporte. Cependant il mange toujours, il est toujours assidu aux souris et encore plus au fromage. Pourquoi, cessant de grandir, lui faut-il encore de la nourriture, beaucoup même ? C'est ici une grande affaire, dont on ne peut dire que quelques mots à des enfants de votre âge. Essayons.

Vous avez vu passer la locomotive, remorquant après elle, sur la voie ferrée, une longue file de wagons pesamment chargés. C'est là comme une bête de fer, qui par elle-même chemine et travaille. Un brasier ardent y réduit de l'eau en vapeur, et cette vapeur fait tourner les roues. A grandes pelletées, le charbon est jeté dans le brasier, pour en entretenir la violence. C'est donc, en somme, la chaleur qui fait cheminer et travailler la locomotive.

Un ouvrier spécial, le chauffeur, est chargé d'alimenter le foyer, c'est-à-dire d'y jeter de temps en temps de la houille, aliment du feu. Remarquez en passant cette expression d'*alimenter*, par laquelle on désigne l'action de garnir de combustible un foyer. C'est qu'en effet le charbon est pour la locomotive ce que la nourriture est pour l'animal.

Un animal se meut, va, vient, court à son gré. Le chat, par exemple, bondit sur la souris, grimpe aux arbres pour y surprendre quelque passereau sommeillant, il se griffe avec ses pareils, il escalade les toits, il monte et descend les marches du grenier, enfin il accomplit une foule de mouvements, lents ou rapides, aisés ou pénibles.

Son corps est comparable à une machine, mais une machine de haute perfection, comme jamais l'industrie humaine n'en réalisera d'aussi ingénieuse. Or, il faut à cette machine pour se mouvoir de la chaleur, absolument comme il en faut à la locomotive. Ce corps est un foyer qui toujours chauffe. Posez la main sur le chat, il est chaud. Voilà prouvé le foyer qui, dans l'animal, incessamment donne chaleur et par là mouvement.

Cette chaleur continuelle, ne cessant que quand l'animal meurt, exige un aliment tout comme la chaleur de la machine. Eh bien, cet aliment est fourni par la nourriture. Le comestible, la chose qui se mange, est de la sorte le combustible, la chose qui se brûle.

Et tel est le motif pour lequel l'animal, ayant cessé de grossir, continue à manger. Il lui faut du combustible pour entretenir la chaleur qui le fait mouvoir. S'il fait froid, la perte de chaleur est grande, et pour la réparer, il faut, pour ainsi dire, garnir davantage le foyer. Qui n'a remarqué que dans les âpres journées d'hiver l'appétit redouble ?

Terminons en concluant que les animaux *se nourrissent, s'alimentent*, et pour grandir, et pour entretenir en eux la chaleur naturelle, source des mouvements.

Les végétaux, de leur côté, se nourrissent-ils ? Mais oui : avec leurs racines, ils prennent dans la terre divers aliments; avec leurs feuilles, ils prennent autre chose dans l'atmosphère : car, chose bien curieuse, les végétaux vivent un peu de l'air du temps, ainsi que nous l'enseignera plus tard la chimie. Que le jardinier oublie d'arroser ses laitues, que le ciel leur soit avare de pluie, et les laitues périront, leurs racines ne pouvant puiser dans un sol trop sec de quoi alimenter la plante.

Les végétaux se nourrissent, comme le prouvent les charretées de vivres, engrais et fumier, que l'agriculteur doit fournir à ses pommes de terre, à son froment, à ses raves, pour obtenir convenable récolte. Et ce n'est pas petite affaire, et peu coûteuse, que de tenir table bien servie aux convives d'un champ.

Ils se nourrissent pour grandir, toujours d'après l'invariable principe que rien ne se fait avec rien. Un chêne, au début est un gland. Pour que la semence devienne arbre énorme, couvrant de son ombre l'étendue d'un arpent, doit-il en falloir des matériaux nourriciers, empruntés pendant des siècles partie au sol, partie à l'air ! Le végétal s'accroît, et forcément alors s'alimente.

Produit-il aussi de la chaleur, comme le fait l'animal ? A la rigueur, oui ; mais si peu, si peu, que ce n'est vraiment pas la peine d'en parler encore. Aussi le végétal ne se meut point, n'agit point.

Par cela même qu'elle travaille, la bête de fer qui mange de la houille, la locomotive, s'use, la chaudière se corrode et tombe en croûtes de rouille, les roues sont rongées peu à peu par le frottement sur les rails, les diverses pièces qui demandent tant de précision pour bien fonctionner, se faussent, se disloquent ; enfin toute la machine se détraque et ne peut plus agir. Elle est mise au rebut, dans la vieille ferraille.

A peu près ainsi se comporte l'animal. Il vit, il agit, il se meut, il travaille, ne serait-ce qu'à se procurer de quoi manger. Il s'use donc, et après un certain nombre d'années variable suivant l'espèce, le corps est hors de service.

Ce détraquement final de la machine vivante, c'est la *mort*, conséquence inévitable de la vie. Pour ne pas mourir, il faudrait ne pas vivre : car vivre, c'est se détruire, s'user. Voilà de bien graves pensées, dont l'évidence viendra plus tard, amenée par une réflexion plus mûre.

Pareillement meurt le végétal. Il y en a de si délicats qu'une saison suffit pour en voir la fin. Les chaleurs trop fortes, les froids trop vifs les tuent. D'autres, les robustes, les forts, les grands arbres durs, ont, au contraire, la vie très longue ; mais, si vieux qu'ils deviennent, ils périssent aussi : car, malgré leur apparente immobilité, il se passe en eux, invisibles aux regards, des mouvements continuels, des changements, cause fatale d'une ruine plus ou moins prochaine.

Ne faut-il pas, par exemple, que les sucs puisés dans la terre montent des racines jusqu'aux feuilles les plus élevées ? Et alors, n'est-ce pas là une action comparable, jusqu'à un certain point, à celle d'une pompe qui élève l'eau du fond d'un puits et s'use en travaillant ? Donc tous les végétaux meurent.

Ainsi les animaux et les végétaux ont tous un commencement, ils *naissent* d'êtres antérieurs et semblables ; ils durent un certain temps, ils *vivent*, dépensant de la nourriture pour subvenir à l'exercice de la vie ; ils finissent, ils *meurent*, lorsque la vie les a usés.

CHAPITRE XXXI

DURÉE DE LA VIE DES ANIMAUX ET DES VÉGÉTAUX.

Les animaux domestiques rarement atteignent l'âge que leur nature comporte. Nous leur plaignons la nourriture, nous les excédons de fatigue, nous ne leur donnons pas un abri convenable. Et puis, nous leur prenons le lait, la toison, le cuir, la viande, tout enfin. Le moyen de devenir vieux, je vous le demande, quand le boucher vous attend avec son coutelas!

Inutile de parler de ces pauvres victimes de nos besoins : pour nous faire une longue vie, elles ne vivent pas leur âge. Supposons donc que l'animal soit bien traité ; qu'il ne souffre ni de la faim ni du froid ; qu'il vive en paix, sans excès de fatigue, sans crainte de l'équarisseur et du boucher. Dans ces bonnes conditions, combien de temps vivra-t-il ?

Commençons par le bœuf. En voilà un de robuste ! Quel poitrail et quelles épaules ! Et puis ce grand front carré, avec ses vigoureuses cornes autour desquelles s'enroule la courroie du joug ; ces yeux tout reluisants

Fig. 46. — Le Bœuf.

de la sereine majesté de la force ! Si l'âge avancé est le partage des forts, le bœuf doit vivre des siècles. Erreur complète : le bœuf, si gros, si fort, si massif, est vieux, très vieux, de vingt à trente ans. Ce qui serait pour nous forte jeunesse est pour lui vieillesse décrépite.

Passons au cheval. Je ne prends pas mes exemples parmi les chétifs, vous le voyez ; je choisis les plus grands, les plus vigoureux. Eh bien, le cheval, ainsi que son modeste compagnon, l'Âne, ne dépasse guère trente à trente-cinq ans.

Fig. 47. — Le Cheval.

Nos autres animaux domestiques vivent moins encore. Le chien, arrivé à vingt, vingt-cinq ans, ne peut plus se traîner; le porc est un vétéran caduc quand il atteint la vingtaine; à quinze ans au plus, le chat ne chasse plus la souris, il dit adieu aux joies sur le toit et se retire dans quelque coin du grenier pour y finir en tranquillité; la chèvre et la brebis, de dix à quinze ans, touchent à l'extrême vieillesse; le lapin est au bout de son écheveau de huit à dix ans; et le misérable rat, quand il atteint quatre ans, est cité parmi les siens comme un prodige de longévité.

Fig. 48. — Le Rat.

Parlons un peu des oiseaux. Le pigeon peut vivre de six à dix ans; la pintade, les poules, le dindon, arrivent jusqu'à douze. L'oie un peu plus loin; il est vrai qu'en sa qualité d'oie, elle ne se donne pas beaucoup de chagrin. L'oie atteint bien vingt-cinq années, et même les dépasse largement.

Mais voici qui est mieux : le chardonneret, le moineau, oiseaux sans souci, toujours chantant, toujours frétillant, heureux au possible avec un rayon de soleil dans la feuillée et un grain de chênevis, vivent autant que l'oie gloutonne, plus que le stupide dindon. Ils vivent, les bienheureux petits oiseaux, de vingt à vingt-cinq ans, juste l'âge d'un bœuf.

Fig. 49. — L'Oie.

Lorsqu'ils sont de constitution robuste, capables de résister aux chaleurs de l'été et aux froids de l'hiver, les végétaux vivent très longtemps à cause de leur vie paisible, qui très peu se dépense, vu la presque immobilité. On compte des patriarches dont l'âge nous frappe d'étonnement. Quelques-uns ont été témoins des plus antiques faits que l'histoire nous raconte. On cite, par exemple, des tilleuls de sept cents ans, des noyers de neuf cents, des chênes de quinze siècles, des ifs de trente siècles.

Les colosses par excellence du monde végétal sont certains cyprès, *Sequoia géant*, tel est leur nom, qui habitent les hautes pentes de la Sierra Nevada, en Californie. Aussi droits que des fûts de colonne, ils s'élancent à une élévation de 100 mètres, d'où ils dominent les plus grands arbres d'alentour comme un peuplier domine les haies voisines; les plus petits mesurent 10 mètres de tour à la base du tronc; les plus gros, 30.

Fig. 50. — Abatage d'un Sequoia géant.

Cette famille de géants n'a pas été respectée; quelques-uns sont tombés sous la hache. Pour monter sur le tronc de l'un d'eux gisant à terre, il fallait une grande échelle, comme pour monter sur le toit d'une maison. La prodigieuse tige avait, en effet, 9 mètres d'épaisseur.

L'écorce en fut enlevée d'une seule pièce sur une longueur de 7 mètres et disposée en appartement avec tapis, piano et sièges pour quarante personnes. Un jour, pour jouer à la main chaude, cent quarante enfants trouvèrent place dans ce monstrueux étui d'écorce.

Quel était l'âge du géant? Un bel âge, mes amis: à peu près trois mille ans!

Mais comment, direz-vous, savoir l'âge d'un arbre, comme si le végétal nous montrait son extrait de naissance? Voici l'affaire. Portez votre attention sur la section d'une bûche nettement coupée à la hache. Vous verrez des ronds dans le bois, des ronds qui commencent autour de la moelle, et vont en s'élargissant de plus en plus.

Fig. 51. — Coupe transversale de la tige d'un jeune chêne.

Or ces ronds s'appellent *couches annuelles*, parce qu'il s'en forme une chaque année, une seule, ni plus ni moins. Depuis le moment où le petit arbre sort de la graine, jusqu'au moment où le vieil arbre meurt, il se forme par an un rond, une couche de bois. Comptons alors ces couches, et leur nombre vous dira l'âge de la tige. Voici, par exemple, en image, la section d'une tige d'arbre. Tant de couches, tant d'années; il y a six couches, l'arbre a six années.

CHAPITRE XXXII

LES VERS.

Il a été dit que toute plante et tout animal, depuis les plus grandes espèces jusqu'aux moindres, invisibles sans le secours du microscope, présupposent une plante et un animal de même espèce d'où ils dérivent. Cependant longtemps on a cru et beaucoup croient encore aujourd'hui que certains animaux, les vers notamment, s'engendrent par la seule pourriture. C'est là une grossière erreur, qu'il importe de dissiper.

Les vers que l'on voit grouiller dans toute sorte de matières pourries, ne proviennent réellement pas de ces matières. La pourriture leur fournit le manger, mais elle ne leur donne pas naissance. Ces vers sont nés d'œufs pondus par divers insectes, particulièrement par des mouches, qu'attire de loin l'odeur de la corruption.

Ainsi les vers du fromage, par exemple, finissent par devenir des moucherons de diverses sortes, dont la vie se passe au dehors, en plein air, fréquemment sur les fleurs. Quand vient le moment de la ponte, ces moucherons savent très bien trouver nos fromages, guidés par l'odorat : ils y déposent leurs œufs, et chacun de ces œufs devient un vermisseau, qui plus tard se change en insecte.

Tous les vers n'importe le point où ils vivent, ont toujours pour origine des œufs pondus par des insectes ; et jamais, au grand jamais, ils ne sont produits par la corruption elle-même. En voici quelques exemples choisis parmi les vers qui se trouvent dans les fruits.

Qui ne connaît le ver des cerises ? Le fruit est de belle apparence, charnu, d'un noir pourpre, gonflé de suc. Au moment où vous allez le savourer, vous le sentez mollir du côté de la queue. Un soupçon vous vient. Vous ouvrez la cerise. Pouah ! un ver immonde nage dans la pulpe corrompue ; c'est fini : les belles cerises ne vous tentent plus.

Eh bien, ce ver doit devenir une belle mouche noire, nommée *Ortalide du cerisier*, et dont les ailes diaphanes sont barrées en travers de quatre bandes obscures. L'insecte pond ses œufs sur les cerises encore vertes, un seul sur chaque fruit. Aussitôt éclos, le vermisseau s'ouvre un passage à travers la chair et s'installe près du noyau. L'orifice d'entrée est très petit et d'ailleurs se cicatrise bientôt, de sorte que le fruit habité paraît intact.

La présence du ver n'empêche pas la cerise de grossir et de mûrir, circonstance excellente pour la bête, qui se gorge ainsi de chair juteuse et sucrée. A la maturité, le ver est lui-même développé à point. Alors il abandonne la cerise et se laisse choir à terre, où il s'enfouit pour attendre le mois de mai suivant, devenir mouche, pondre des œufs sur les nouvelles cerises et périr.

Voici maintenant en image l'insecte qui, à l'état de ver, dévore les noisettes. On le nomme *Balanin des noisettes*. De son bec, long et pointu, le balanin fore la coque encore tendre du fruit, et au fond de la cavité, en contact avec l'amande, il dépose un œuf, qui en peu de jours éclôt et produit un vermisseau. Comme ce vermisseau mange d'abord très peu, la noisette continue à se développer et à mûrir son amande, rongée petit à petit.

Fig. 52. — Le Balanin des noisettes.

Au mois d'août, les provisions sont achevées et la noisette véreuse gît à terre. Le ver, dont les mâchoires sont alors robustes, perce un trou rond dans la coque vide et quitte la noisette pour s'enfoncer dans le sol, où il se change en balanin. Parmi les noisettes tombées d'elles-mêmes à terre, vous en trouverez dont la coque, percée d'un trou, ne contient plus rien. L'amande en a été mangée par le balanin, et le trou rond est la porte par où la bête est sortie.

Enfin en cassant des noisettes avec les dents, il vous est arrivé de mordre sur quelque chose d'amer et de mou. C'est le ver du balanin que vous veniez d'écraser.

Le ver si fréquent dans les poires et dans les pommes est la chenille d'un petit papillon nommé *Pyrale des pommes*. Ce papillon a les ailes supérieures d'un gris cendré, marbrées en travers de brun et ornées à l'extrémité d'une grande tache rousse cerclée de rouge doré. Les ailes inférieures sont brunes.

Fig. 53. — La Pyrale des pommes.

Lorsque les fruits commencent à se montrer, la pyrale dépose un œuf dans l'œil de la poire ou de la pomme indifféremment. Le petit ver qui en provient, à peine de la grosseur d'un crin, s'introduit dans le fruit et se loge au voisinage des pépins. L'étroit canal par lequel il est entré se cicatrise, de sorte que le fruit véreux paraît intact quelque temps.

Cependant la chenille grossit au sein de l'abondance; il lui faut une galerie communiquant avec le dehors pour l'arrivée de l'air et pour l'assainissement de l'habitation, encombrée de débris et d'ordures. Le ver se creuse donc un couloir à travers l'épaisseur du fruit jusqu'à la surface. Par l'ouverture ainsi ménagée, la chenille reçoit de l'air et rejette de temps en temps, sous forme de vermoulure rougeâtre, la pulpe mâchée et digérée.

Les poires et les pommes habitées continuent de grossir; elles mûrissent même plus tôt que les autres, mais c'est une maturité maladive, qui hâte la chute du fruit. La chenille des fruits véreux tombés à terre quitte son domicile par la voie de la galerie déjà creusée, et se retire dans un pli de l'écorce de l'arbre, quelquefois sous terre, pour se construire une coque de soie mêlée de parcelles de bois ou de feuilles mortes, et devient un papillon l'année suivante, quand apparaissent toutes jeunes les pommes et les poires où doivent être pondus les œufs pour une nouvelle génération de vers.

Veut-on enfin reconnaître que les vers des choses corrompues viennent d'œufs et non de la pourriture? Il suffit d'avoir des yeux et de regarder, car l'expérience est des plus simples, bien qu'on ait mis de longs siècles avant d'y songer.

On recouvre d'une gaze ou d'une fine toile métallique des viandes en voie de putréfaction, des fromages sur le point de se corrompre, et autres matières semblables. Attirées par l'odeur, des mouches ne tardent pas à voltiger autour des substances et à déposer leurs œufs sur la gaze même, dans les points les plus rapprochés de la viande et du fromage, qu'elles ne peuvent atteindre.

En ces conditions, si avancée, si infecte que soit la décomposition, les vers n'apparaîtront pas dans les matières corrompues, parce que celles-ci se sont trouvées défendues contre le dépôt des œufs. Mais si l'on retire l'obstacle de la gaze ou de la toile métallique, les mouches pondent çà et là, sur la pourriture, des amas de petits œufs blancs, et bientôt des millions de vers grouillent au milieu d'une immonde sanie.

Quelques-unes de nos provisions, le fromage, la viande, le gibier surtout, deviennent la proie des vers. Cette odieuse vermine, vous venez de le voir, doit naissance à des mouches qui recherchent, suivant leur espèce, les unes la chair, les autres le fromage pour y déposer leurs œufs.

Deux nous sont familières, car nous les voyons souvent voleter à grand bruit sur les carreaux des vitres : la première est d'un bleu sombre, la seconde est grise avec des yeux rougeâtres. L'une et l'autre sont de taille beaucoup plus forte que la mouche ordinaire, et toutes les deux s'attaquent à la viande. Quant aux moucherons du fromage, qu'il me suffise de mentionner leurs vers trop fréquents pour vous être inconnus.

Ces mouches, ces moucherons, effrontés parasites,

voilà les ennemis qu'il faut tenir à l'écart et empêcher de déposer leurs œufs sur nos provisions, si nous voulons préserver nos vivres de l'invasion de la vermine.

Le fromage entamé sera donc tenu sous une cloche en toile métallique fine, ou mieux sous une cloche en verre, qui le garantit à la fois de l'accès des mouches et de la dessiccation par le contact prolongé de l'air.

Quant à la viande et au gibier, on les suspendra dans des cages en toile métallique ; et toutes les fois qu'on ouvrira le petit garde-manger, on veillera à ne pas laisser pénétrer quelque mouche bleue, d'habitude aux aguets dans le voisinage.

Si l'on enfermait l'ennemi avec les provisions, du jour au lendemain tout serait gâté, tant la ponte de la mouche bleue est nombreuse et rapide. Avec une cage bien close et bien surveillée, le gibier, si faisandé qu'il devienne, sera toujours exempt de vers, à moins qu'il ne fût déjà envahi quand on l'a mis à l'abri de la toile métallique.

CHAPITRE XXXIII

DIFFÉRENCES ENTRE LES ÊTRES VIVANTS ET LES CORPS INANIMÉS; ENTRE LES ANIMAUX ET LES VÉGÉTAUX. — LES TROIS RÈGNES.

L'observation a surpris, en son travail, le moucheron qui dépose dans les cerises l'œuf d'où provient le ver connu de tous; elle a reconnu que les fruits véreux doivent les habitants qui les ravagent, non à la corruption, mais à des œufs déposés là par des insectes divers ; elle s'est assurée que les poux ne viennent pas de la chair, ni les puces des ordures.

Elle a prouvé que les grenouilles ne sont pas engendrées par la boue des marais ; elle a relevé mille erreurs de ce genre, si bien qu'il ne reste pas l'ombre d'un doute sur la manière dont se procrée le moindre vermisseau. Partout où nous trouverons vers, chenilles, insectes, rappelons-nous que d'autres insectes sont venus là déposer leurs œufs. Toujours la vie est l'œuvre de la vie ; tout être animé provient d'êtres animés semblables.

Nous voilà suffisamment renseignés sur les êtres vivants, les animaux et les végétaux ; parlons maintenant un peu des *corps inanimés*.

Voici une pierre sur le chemin. Une autre pierre semblable lui a-t-elle donné naissance ? Est-elle la fille d'une pierre antérieure, sa mère ? De telles questions font sourire, tant elles sont dépourvues de sens. Non, la pierre n'est pas née d'une autre, elle n'est pas issue d'un œuf comme le moineau, d'une graine comme le haricot. Tout ce que l'on peut dire, c'est qu'elle peut provenir d'une pierre, plus grosse, brisée et mise en pièces d'une façon ou de l'autre. Les pierres et tous les corps inanimés ne naissent pas.

Vivent-ils ? Pas davantage. Ce serait se moquer que de dire qu'un caillou se nourrit, s'alimente. Loin de s'accroître, une pierre diminue au contraire, brisée par les passants, lentement rongée et mise en poudre par l'air, la gelée, la pluie.

Meurent-ils ? Non plus. Privés de vie, ils ne peuvent mourir. Tel rocher sur la pente d'une montagne est aussi vieux que la montagne qui le porte, et nul n'oserait assigner une limite à sa durée. Le sequoia géant, dont je vous ai dit l'âge prodigieux, est dépassé en durée par le moindre grain de sable, qui, étant inanimé, n'a pas en lui une cause de destruction, et doit par conséquent persister indéfiniment, si rien d'étranger ne le met en poudre.

Concluons : les êtres vivants naissent, durent un certain

temps par l'alimentation et meurent; les êtres inanimés ne naissent pas, ne s'alimentent pas, ne meurent pas.

Voilà certes des différences bien nettes. Il nous reste à apprendre quelles différences séparent les animaux des végétaux. Et à ce sujet, je vous parlerai de Bull, mon chien, qui si volontiers jouerait avec vous, rapportant la pierre que vous lui auriez lancée.

Bull est un honnête chien, cependant il ne vient pas toujours quand on l'appelle. S'il le veut bien, il accourt; s'il ne veut pas, il ne bouge. Il lui arrive même de s'enfuir, quand il a des affaires au village; et surtout lorsqu'il voit le fouet. Mais alors, reconnaissons-le, il n'est pas tout à fait dans son tort.

Donc, Bull se meut, il va et vient à sa guise. Il est maître de ses mouvements, il en fait usage à sa volonté. Il en use pour accompagner son maître à la promenade, gambader en des moments de folle joie, courir à fond de train sur un gibier blessé, aller de l'un à l'autre autour de la table pendant le dîner, en quête d'un os; il en use, il en abuse lorsqu'il se roule avec des camarades pour un regard de travers, pour un rien. Ces mouvements sont *volontaires :* la cause en est dans l'animal, qui les suspend et les reprend à son gré.

Mais lorsque, avec des bruissements de feuillage, les arbres balancent la tête comme pour se saluer entre eux, nous ne disons pas: Voilà des arbres qui mutuellement se font la révérence; nous disons : Voilà des arbres agités par le vent. La cause de ces mouvements n'est pas dans l'arbre, elle est ailleurs. Si le vent cesse, l'agitation du branchage cesse; elle reprend si le souffle renaît. Les végétaux n'ont pas de mouvements volontaires.

Bull aime les caresses. Quand on lui passe la main sur le front en signe d'amitié, il s'abandonne à des transports de joie, et tout son corps frémit de bien-être. Mais il n'aime pas les coups. Rien qu'à la vue du fouet, l'instrument de correction, nous savons qu'il s'enfuit au plus vite. Si la mèche du fouet l'effleure seulement, il jette un cri de douleur, il se plaint, il gémit, se couche à terre, les quatre pattes en l'air, et demande grâce par son humble posture.

Mais ne parlons pas des peccadilles qui lui attirent correction; parlons de ses talents. Quel flair pour explorer le chemin du bout du nez et retrouver son maître, qu'il a perdu! quelle ouïe fine pour entendre à distance le pas d'un étranger, dont il donne avis en aboyant! quelle acuité de vue pour apercevoir, au plus épais des broussailles, l'oreille aiguë ou la queue blanche d'un lapin!

Son grand régal est l'os. Avec quelle affection, couché sur le ventre, il le tient avec les pattes de devant pour le ronger à l'aise, en commençant par la partie renflée du bout, partie plus tendre! Qu'on ne vienne pas alors le déranger: il pourrait protester brutalement, même envers une main amie. Gare surtout au chat qui, en ce moment, aurait l'indiscrétion de s'approcher de l'os!

Mais au-dessus de son amour effréné pour l'os, est son amour pour le sucre. N'y en aurait-il pas plus gros qu'un pois, c'est pour lui suprême délectation que de croquer la douce friandise. Il la savoure avec délices, puis se passe, à diverses reprises, la langue sur son gros nez noir comme pour dire : Ah! que c'est bon!

Eh bien, tout cela, éprouver tantôt du plaisir, tantôt de la douleur, voir, flairer, entendre, déguster, s'appelle la *sensibilité* ou la *faculté de sentir*. Tous les animaux en sont doués, qui plus, qui moins. Chez les animaux les plus chétifs, la sensibilité se simplifie beaucoup; mais, si réduite qu'elle soit, elle se traduit toujours au moins, sous la piqûre d'une aiguille, par des tressaillements des chairs, signe incontestable de douleur.

Les végétaux n'ont pas de sensibilité. Voir, entendre, déguster, flairer, sont des attributions non accordées à la plante. Pour elle encore ni plaisir ni douleur. L'herbe qu'on arrache et que l'on foule aux pieds, ne manifeste aucun signe de souffrance; le chêne auquel la hache du bûcheron fait de profondes entailles, reste impassible sous les coups de cognée. La douleur n'a pas de prise sur le végétal, ni par conséquent le plaisir, car douleur et plaisir toujours s'accompagnent, l'un ne peut aller sans l'autre.

En somme donc, l'animal possède le *mouvement volontaire*, et la *sensibilité ;* le végétal ne les possède pas. Tenant compte des différences qui séparent les êtres vivants des êtres inanimés, nous nous résumerons ainsi :

Les *minéraux*, ou corps inanimés, ne vivent pas.

Les *végétaux* vivent.

Les *animaux* vivent, sentent et se meuvent volontairement.

L'ensemble des êtres se partage ainsi en trois groupes que l'on désigne par l'expression de *règnes*, savoir :

Le *règne minéral*, qui comprend tous les corps bruts, les pierres, les roches, les métaux, les minerais, les terres, l'eau, l'air ;

Le *règne végétal*, comprenant tous les végétaux depuis la moindre moisissure jusqu'à l'arbre le plus élevé ;

Le *règne animal*, formé de l'ensemble des animaux, grands ou petits, vivant sur la terre ou dans la mer.

CHAPITRE XXXIV

LES DENTS DE L'HOMME.

Tous les animaux s'alimentent, tous se nourrissent pour accroître et entretenir leur corps, et ensuite pour produire cette chaleur que la vie continuellement dépense en mouvements, en activité, en travail. Je vous l'ai dit : le corps d'un animal est un foyer qui toujours chauffe, car il lui faut, pour se mouvoir, de la chaleur absolument comme pour la machine.

L'homme certes est supérieur aux animaux; il s'en distingue profondément par la pensée et la raison, ces nobles facultés qu'on ne retrouve pas ailleurs; mais sous le rapport du corps et de la manière de s'accroître et de s'entretenir, le chien, le chat, le bœuf sont presque nos égaux. Nous nous alimentons comme eux, nous produisons chaleur et mouvement comme eux. Si donc nous voulons apprendre un peu ce qui se passe chez les autres, il convient d'abord d'apprendre ce qui se passe chez nous. D'ailleurs, le plus important n'est-ce pas de se connaître soi-même ?

Examinons donc comment est construite et comment fonctionne chez l'homme, la machine qui mange, alimente, nourrit. Et d'abord les *dents*, qui servent à broyer la nourriture, à la mettre en pâte pour la préparer au grand travail de la *digestion*.

Les dents de l'homme sont au nombre de trente-deux, seize pour chaque mâchoire. Je vous vois déjà avec le doigt dans la bouche, le portant d'une dent à l'autre pour les compter. Vous n'en trouverez que vingt environ, et non trente-deux, je vous en avertis. Les douze qui vous manquent vous viendront un jour, mes petits amis; pour le moment vous avez le nombre de dents des enfants de votre âge.

Fig. 54. — Dents de l'homme.

I, incisives. — C, canine. — PM, petites molaires. — GM, grandes molaires.

Toutes, en effet, ne nous viennent pas à la fois, mais les unes après les autres. Nous commençons par en avoir vingt, pas plus. On les nomme dents de *première dentition* ou *dents de lait*.

Vers l'âge de sept ans, elles commencent à tomber et sont remplacées par d'autres plus fortes et plus solidement implantées. Il pousse en outre douze dents nouvelles, ce qui porte à trente-deux le nombre total. Les plus reculées, tout au fond de la bouche, viennent assez tard, à dix-huit, vingt ans et plus; aussi les nomme-t-on *dents de sagesse*, pour signifier qu'elles apparaissent à un âge où la raison est formée.

Ces trente-deux dents finales constituent la *seconde dentition*. Je les qualifie de finales parce qu'elles ne sont jamais remplacées par d'autres; si nous venons à les perdre, c'est fini, il n'en vient plus.

Tel d'entre vous en a maintenant une ou deux qui remuent. Il faudra bientôt les arracher pour laisser la place libre aux dents nouvelles qui doivent les remplacer. Les autres tomberont de même, et les vingt dents premières feront place à vingt autres, qui seront complétées tôt ou tard par douze dents ne venant qu'une fois. Ces dernières occupent la partie la plus reculée des mâchoires, trois de chaque côté, en haut et en bas. Le nombre final sera ainsi de trente-deux.

Ces trente-deux dents se divisent en trois classes d'après leur forme et leur genre de travail. Les mêmes choses se répétant en haut et en bas, à droite et à gauche, l'image met seulement sous vos yeux les huit dents de la moitié d'une mâchoire.

Dans toute dent, deux parties sont à distinguer : la *couronne* et la *racine*. La racine est la partie de la dent qui s'enfonce dans l'os de la mâchoire à la manière d'un clou implanté dans le bois; la couronne est la partie qui fait saillie en dehors, on peut la comparer à la tête du clou. La racine maintient la dent en place, elle la fixe solidement; la couronne coupe, déchire, broie la nourriture.

Les deux dents de devant de chaque demi-mâchoire ont la couronne obliquement amincie de la base au sommet. Leur bord est droit et tranchant, propre à couper la nourriture, à la diviser par petites bouchées. Aussi nomme-t-on ces dents *incisives*, du mot latin *incidere* signifiant *couper*. Leur racine est un simple pivot.

La dent suivante se nomme *canine*. Sa racine est un peu

plus longue que celle des précédentes, et sa couronne est légèrement pointue. Le chien, le chat, le loup, et en général les animaux mangeurs de chair ont cette dent façonnée en un croc puissant qui leur sert à retenir, happer la proie, mais remplit avant tout le rôle d'arme de combat pour l'attaque et pour la défense.

Ce sont les canines que vous voyez se croiser, longues et pointues, deux de chaque côté, lorsque vous soulevez les lèvres du chat et du chien. En souvenir de ces crocs si remarquables, spécialement chez le chien, en latin *canis*, on a donné le nom de *canines* aux dents qui sont leurs analogues chez l'homme, sinon par leur forme et leurs fonctions, du moins par la place qu'elles occupent.

Les cinq suivantes sont les plus utiles de toutes. Comme elles font office de meules pour broyer les aliments, on les nomme *molaires*, de l'expression latine *mola*, signifiant meule de moulin. Leur couronne est large et à surface légèrement irrégulière.

Les deux premières se nomment *petites molaires*. Elles sont les plus faibles des cinq et n'ont qu'une racine. Les deux petites molaires, la canine et les deux incisives sont les seules qui se renouvellent. Répétez-les quatre fois, et vous aurez les vingt dents de la première dentition, dents qui commencent à tomber vers l'âge de sept ans et sont peu à peu remplacées par d'autres. Là se bornent, pour le moment, les dents de la plupart d'entre vous.

Les trois grosses ne poussent qu'une fois. On les nomme *grosses molaires*. La dernière, à gauche de la figure, est la *dent de sagesse*. Comme les grosses molaires ont à supporter, lorsqu'on mange, une pression très forte, leur racine se compose de plusieurs pivots, qui plongent chacun dans une cavité spéciale. Cette disposition a évidemment pour effet de multiplier les points d'appui pour consolider les molaires et les empêcher soit de s'ébranler, soit de s'enfoncer par leur mutuelle pression dans l'épaisseur de la mâchoire.

CHAPITRE XXXV

DENTS DES CARNIVORES ET DENTS DES HERBIVORES.

N'est-il pas vrai qu'il faut pour chaque genre de travail un outillage fait exprès? Il faut au laboureur la charrue, au forgeron l'enclume, au maçon la truelle, au tisserand la navette, au menuisier le rabot; et ces divers outils, tous excellents pour le travail qui les concerne, ne vaudraient rien pour un autre travail. Avec la navette, le maçon crépirait-il un mur; avec la truelle, le tisserand ourdirait-il sa toile? Évidemment non.

N'est-il pas vrai que, d'après l'outillage, on peut aisément reconnaître le travail? Si vous voyez appendus au mur des rabots et des scies, vous reconnaîtrez que vous êtes dans l'atelier d'un menuisier; l'enclume, le marteau, les tenailles vous indiqueront un forgeron; le baquet pour le mortier, la truelle, le niveau vous annonceront un maçon.

Eh bien, chaque créature a son rôle à remplir dans le grand atelier de la création; chacune a son métier à faire, métier exigeant un outillage particulier comme tout genre de travail de l'industrie humaine. Or parmi les innombrables métiers des animaux, il en est un commun à tous sans exception, métier fondamental auquel sont subordonnés tous les autres, car sans lui la vie serait impossible: c'est le métier de manger.

Mais le genre de nourriture n'est pas le même pour tous les animaux. Il faut aux uns la proie, la chair crue, aux autres le fourrage; à ceux-ci des racines, à ceux-là des graines, des fruits. Dans tous les cas, les dents sont les outils mis en œuvre pour le travail du manger; elles doivent donc avoir une forme appropriée au genre de nourriture, plus coriace ou plus tendre, plus difficile ou plus facile à mâcher. Aussi de même que d'après l'outil on juge du genre de travail d'un artisan, d'après les conformations des dents on peut en général dire le genre de nourriture d'un animal.

On appelle *herbivores* les animaux qui se nourrissent d'herbe, de fourrage, de foin; et *carnivores* ceux qui se nourrissent de chair. Le cheval, l'âne, le bœuf, le mouton sont des herbivores; le chien, le chat, le renard, le loup sont des carnivores.

La nourriture de l'herbivore est chose tenace, dure, filamenteuse, que l'animal doit longtemps broyer pour la diviser convenablement et la réduire en une bouchée pâteuse, apte à être avalée et plus tard digérée sans obstacle. Dans ce cas, les dents opposées des deux mâchoires doivent se présenter l'une à l'autre des surfaces larges et à peu près plates, qui triturent la nourriture à la manière des meules de moulin.

Au contraire, la chair, dont se nourrit le carnivore, est matière molle, qu'il est facile d'avaler et de digérer. Il suffit à l'animal de la déchirer, de la couper par lambeaux. Les dents du carnivore doivent donc se présenter l'une à l'autre des arêtes tranchantes qui manœuvrent à la façon des lames de ciseaux.

Maintenant, qui de vous me dira à quel genre de nour-

Fig. 55. — Molaire de Cheval.

Fig. 59. — Molaire de Loup.

riture se rapportent les dents dont vous voyez ici la figure? — La première dent est aplatie et très large en dessus; elle doit écraser et broyer en frottant contre la dent pareille et opposée de l'autre mâchoire. C'est alors la dent d'un animal qui se nourrit de fourrage. — C'est, en effet, la dent d'un herbivore, d'un cheval.

— La seconde est faite de plusieurs larges pointes dont les bords sont presque aussi tranchants que la lame d'un couteau. Elle doit être destinée à découper de la chair. — Je le crois bien, c'est la dent d'un loup.

— Que sont ces replis sinueux qu'on voit sur la dent du cheval? à quoi servent-ils? On ne voit rien de pareil sur la dent du loup. — J'allais vous en parler.

Si les dents du cheval étaient parfaitement unies en dessus, sans aucune rugosité faisant office de râpe, n'est-il pas vrai qu'en appuyant et frottant l'une contre l'autre, elles pourraient bien écraser le foin comme nous le ferions entre deux pierres lisses, mais sans parvenir à le réduire en menus débris.

Les meules d'un moulin, si elles étaient polies comme des tables de marbre, aplatiraient le grain sans le mettre en farine; elles doivent présenter de nombreuses inégalités semblables aux dents d'une râpe, aux arêtes d'une lime, inégalités qui saisissent entre elles le blé pendant la rotation de la meule supérieure sur la meule inférieure immobile et le déchirent violemment. Lorsque par un travail longtemps continué ces inégalités sont effacées, les meules ne peuvent plus servir, et il faut les repiquer au marteau.

Eh! bien, les replis sinueux des dents du cheval sont comparables aux inégalités des meules de moulin; ils s'élèvent un peu au-dessus de la surface de la dent, ils font légèrement saillie de manière à constituer une sorte de grossière lime qui fractionne les brins de fourrage quand frotte la dent opposée.

On reconnaît dans la composition d'une dent deux substances différentes, l'une très dure, ayant quelque chose de la nature du verre et nommée *émail;* l'autre plus facile à user, mais très résistante aux efforts qui tendent à la casser, c'est l'*ivoire*. Ces deux substances sont associées de manières différentes suivant le régime de l'animal.

Pour le cheval, le mouton, le bœuf, l'âne et beaucoup d'autres herbivores, la matière la moins dure, l'ivoire, constitue la masse principale de la dent, tandis que la matière la plus dure, l'émail, plonge en lames sinueuses dans l'épaisseur de la première et fait un peu saillie en dehors sous forme de plis qui varient de configuration d'une espèce animale à l'autre. C'est donc l'émail, matière aussi dure que le caillou, qui compose les replis sinueux des dents de l'herbivore.

Par l'effet du frottement d'une mâchoire contre l'autre, l'ivoire s'use plus vite que l'émail, de sorte que les lames de celui-ci, engagées dans toute l'épaisseur de la dent, sont peu à peu mises à découvert et remettent en l'état primitif les replis usés de la surface. La meule à moudre le grain a besoin d'être repiquée par le meunier; la meule à manger de l'herbivore se repique d'elle-même à mesure qu'il en est besoin; la machine se répare tout en travaillant.

Revenons à la mâchoire du carnivore, du loup. Ici sont inutiles les rugosités de la râpe, les arêtes de la lime, les inégalités de la meule, puisque l'aliment doit être découpé en lambeaux et non broyé en pâte. A cet effet, il faut des lames tranchantes, des ciseaux, dont la condition première soit d'être bien aiguisés et d'avoir une dureté qui les empêche de s'émousser.

La surface des dents n'est donc plus aplatie en manière de meule, mais façonnée en larges crêtes coupantes. De plus, pour assurer l'efficacité de ces espèces de couteaux, la substance la moins dure mais aussi la plus résistante aux efforts qui pourraient la casser, l'ivoire enfin, constitue la masse centrale de la dent, tandis que l'émail, plus dur, mais aussi plus fragile, forme à l'extérieur un enduit continu et compose à lui seul les bords tranchants.

Les dents de l'homme, également composées d'ivoire à l'intérieur et d'émail à la surface, ont une forme intermédiaire entre les deux que je viens de vous faire connaître. Les molaires ont la couronne large et légèrement irrégulière, et non aplatie comme celle des molaires du cheval ou disposée en lames tranchantes comme celle des molaires du loup.

La nourriture de l'homme ne se compose exclusivement ni de végétaux, ni de chair, mais des deux à la fois. Pour un genre d'alimentation aussi varié que celui de l'homme, il faut des molaires aptes à tous les usages; elles doivent broyer comme celles des herbivores, elles doivent découper comme celles des carnivores. Par leur couronne large elles conviennent à la nourriture végétale; par leurs inégalités un peu tranchantes, elles conviennent à la nourriture animale.

CHAPITRE XXXVI

LA DIGESTION.

Les aliments sont mâchés sous la meule des dents, ils sont réduits en pâte avec un peu de salive qui les imbibe tandis que les dents triturent ; et puis c'est fait . La bouchée est avalée. Or, où va-t-elle cette bouchée; où iront celles qui vont suivre?

Tout cela se rend dans une sorte de sac, dans une poche à deux ouvertures étroites, l'une pour l'entrée, l'autre pour la sortie, poche située tout au bas de la poitrine, à la naissance du ventre, là où se terminent les côtes. Là s'amasse tout ce que l'on mange, tout ce que l'on boit. Ce réservoir des aliments se nomme *estomac*. Un canal, appelé *œsophage* et traversant la poitrine de haut en bas, le fait communiquer avec le fond de la bouche, avec le gosier.

L'estomac est plus qu'un réservoir alimentaire : c'est une sorte de savante cuisine où la nourriture subit les préparations nécessaires pour devenir notre propre chair, notre propre substance. La cuisine de nos demeures, avec ses fourneaux, ses casseroles, ses pots, ses broches, ses poêlons, prépare il est vrai le manger, le fait cuire, le rend plus tendre et plus apte à nourrir ; mais tout cela n'est rien par rapport au travail délicat qui s'accomplit dans l'estomac.

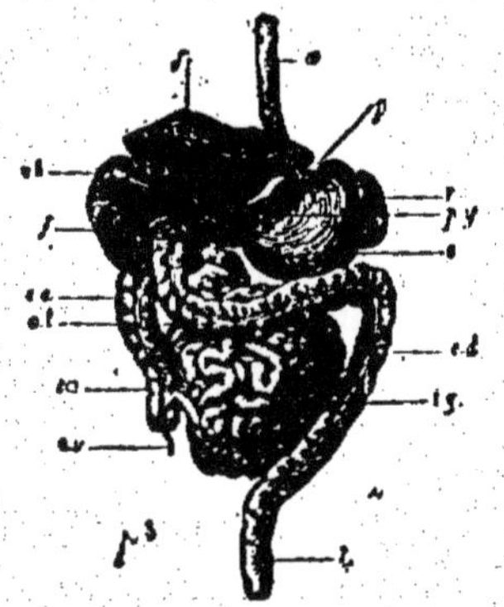

Fig. 57. — Organes digestifs de l'homme.

œ, œsophage. — *e*, estomac.

Il ne s'agit plus ici de faire cuire, mais bien de rendre fluide, coulant, afin que la matière alimentaire puisse ensuite s'insinuer partout, et se distribuer dans tout le corps jusqu'aux parties les plus reculées. Il faut que les cheveux poussent, que le petit doigt s'allonge, que l'os de la jambe grossisse, que tout enfin reçoive de quoi s'entretenir et s'accroître. Partout donc la nourriture doit arriver, de même que l'arrosage dans une prairie afin qu'en tout point l'herbe pousse également drue et verte.

Ce n'est pas opération aisée, à la portée de notre savoir-faire, que de rendre fluides certains de nos aliments. Vous figurez-vous un morceau de pain, un morceau de viande, rendus chose coulante comme de l'eau ? Voilà le travail qui se fait dans l'estomac, travail délicat, que lui seul sait faire.

A cet effet, il suinte peu à peu, en petites gouttes, de la paroi même de l'estomac, une humeur aigre, appelée *suc gastrique*, qui a la propriété d'attaquer rapidement et de rendre fluides certains de nos aliments, en particulier la viande. En second lieu, la salive, dont chaque bouchée s'imprègne avant de franchir le gosier, n'a pas simplement pour rôle d'humecter la nourriture et d'en faciliter ainsi la descente ; elle remplit un office plus important, car elle a la vertu de dissoudre et de rendre coulantes les matières farineuses, comme celles du pain, de la châtaigne, de la pomme de terre.

Voilà donc que, dans la poche de l'estomac, les aliments, d'abord convenablement divisés sous les dents pour mieux se pénétrer après des humeurs qui doivent les dissoudre, sont soumis à l'action du suc gastrique, qui suinte de la paroi du sac, ainsi qu'à l'action de la salive, qui les a imbibés dans la bouche.

Alors s'accomplit la *digestion*, c'est-à-dire que, sous l'influence de la douce température du corps, qui favorise le travail, les aliments se liquéfient, attaqués les uns par le suc gastrique, les autres par la salive. Ils deviennent matière fluide, non en totalité, mais seulement en majeure partie, car il y a toujours dans les choses mangées des matériaux rebelles à la digestion, des restes encombrants, bons à rien, dont le corps doit se débarrasser. Que voulez-vous, par exemple, que l'estomac fasse d'un noyau de cerise ? Il le laisse passer sans y toucher.

La digestion finie, il y a donc dans l'estomac une bouillie coulante, mélange de l'utile et de l'inutile, de ce que le corps doit garder et de ce qu'il doit rejeter. Un scrupuleux triage est à faire du bon et du mauvais, du nutritif et du non nutritif. Voyons comment se fait ce triage.

Après l'estomac vient un canal très long, un grand nombre de fois plié et replié sur lui-même. On l'appelle *intestin*. Là chemine, très lentement, la bouillie coulante préparée dans l'estomac.

Or à la surface tant de l'estomac que de l'intestin rampent de nombreuses veines, canaux où le sang circule. Ces veines, d'abord très petites, plus fines qu'un cheveu, se réunissent plusieurs ensemble pour en faire de plus grosses, qui à leur tour, par leur réunion, deviennent canaux plus volumineux.

On pourrait les comparer aux racines d'un arbre d'autant plus fines qu'elles sont plus éloignées du tronc. La comparaison est encore juste sous le rapport du travail fait. Les racines puisent dans le sol les matières alimentaires de l'arbre, elles s'y gonflent d'eau contenant dissoutes les choses dont le végétal se nourrit ; mais elles font un minutieux triage, elles n'admettent rien d'inutile, elles ne laissent rien passer de grossier, pas une parcelle de terre, pas un grain de sable.

De même se comportent les veines qui rampent à la surface de l'intestin et de l'estomac, à peu près comme les racines de l'arbre rampent dans le sol. Ces veines se gonflent des choses nutritives fluidifiées par la digestion ; elles laissent passer, sans rien en prendre, les matériaux grossiers, d'emploi nul.

Il se fait de la sorte dans les veines un mélange du sang qu'elles contenaient déjà et des substances nutritives fournies par l'alimentation. Nous verrons plus tard ce que tout cela devient.

Pour le moment remarquons que la bouillie alimentaire venue de l'estomac, à mesure qu'elle progresse plus avant dans l'intestin, se dépouille peu à peu des sucs nutritifs, absorbés par les veines, et finit par devenir un reste sans valeur pour le corps. C'est ce reste immonde que l'on va expulser honteusement, loin des regards, derrière un mur ou une haie.

CHAPITRE XXXVII

LA CIRCULATION.

Toutes les parties du corps, si petites et si éloignées qu'elles soient, doivent recevoir leur nourriture, pour s'accroître d'abord, et puis s'entretenir, faire leur travail. Ce sont autant de convives autour d'une même table; une part leur revient à toutes, proportionnée à leurs besoins.

Mais elles ne peuvent se déplacer et venir prendre leur ration dans cette officine alimentaire où arrive le manger, c'est-à-dire dans l'estomac. Il faut alors que la substance nutritive se déplace elle-même et aille trouver, chacune à son poste, toutes les parties du corps, jusqu'à la moindre; de même que l'arrosage va trouver l'un après l'autre chaque plant d'un carré de laitues.

Cette espèce d'arrosage nutritif exige que la matière alimentaire soit liquide afin de pouvoir pénétrer partout, si étroits que soient les passages. Nous venons de voir, en effet, que l'estomac a pour rôle de digérer, c'est-à-dire de liquéfier les aliments. Nos veines se gonflent des sucs ainsi préparés, les mélangent avec le sang qu'elles contiennent déjà, et le tout devient sang.

Le sang, en lequel se transforment les aliments digérés, voilà vraiment le liquide qui entretient la vie, le liquide réparateur des forces, aux dépens duquel le corps, continuellement usé et continuellement restauré, se maintient dans un état prospère.

C'est de la chair coulante, car il devient notre propre chair. C'est plus que de la chair coulante, car il fournit à l'os ce qu'il faut pour devenir os, au cheveu ce qu'il faut pour devenir cheveu, à la peau ce qu'il faut pour devenir peau. Contenant un peu de tout, il est apte à produire un peu de tout. Tout ce que produit la machine animale doit ses matériaux au sang. La poule puise dans le sang de quoi faire son œuf, la brebis son lait, le bélier sa toison, le taureau ses cornes, le cheval sa crinière.

Le sang est rouge chez l'homme. Il est rouge aussi chez tous les animaux à quatre pattes, couverts de poils, le chien, le chat, le bœuf, le loup et autres; il est rouge chez tous les oiseaux, chez tous les poissons, chez tous les reptiles, serpents et lézards. Cette couleur rouge, si frappante, est pour vous, sans doute, le signe distinctif du sang; et partout où vous ne la voyez pas, vous vous figurez qu'il n'y a pas de sang.

C'est une erreur qu'il faut rejeter au plus vite. La vie chez tous les animaux s'entretient de la même façon, c'est-à-dire au moyen d'un liquide nutritif qui arrose les diverses parties du corps. Ce liquide nutritif est du sang, n'importe sa couleur. Il y a du sang aussi incolore que de l'eau claire, il y en a de teinté de jaune, de lilas tendre, de rosé à peine sensible.

Piquez avec une aiguille la peau d'un ver à soie ou d'une chenille quelconque. Il sortira de la blessure un liquide faiblement coloré de jaune paille. Voilà le sang de la bête. Le hanneton et une foule d'insectes vous en montreraient de pareil. La limace et l'escargot en donneraient de semblables à de l'eau pour l'aspect. Puisque tous les animaux s'alimentent, tous, si petits qu'ils soient, ont du sang ; seulement, la couleur de ce liquide varie beaucoup d'un animal à l'autre.

Ce liquide nourricier doit aller trouver les diverses parties du corps pour leur apporter à chacune de quoi s'entretenir. Cette fonction remplie, il doit revenir des diverses parties du corps pour prendre une nouvelle charge de matériaux nutritifs travaillés par l'estomac, et repartir aussitôt pour un nouveau voyage jusqu'aux extrémités les plus reculées.

Le sang est ainsi dans un continuel mouvement de va-et-vient. Riche en substances nutritives dont l'estomac a été le préparateur, il va porter en tout point du corps de quoi s'accroître et s'entretenir ; privé de ces substances, qu'il a de çà de là distribuées, il revient en prendre une nouvelle cargaison, qu'il distribuera de la même manière.

Pour ce double voyage, incessamment recommencé, il faut des canaux qui conduisent le sang, sans erreur aucune, en chaque point voulu, puis le ramènent à son lieu de départ. Les canaux d'aller se nomment *artères*, les canaux de retour se nomment *veines*.

Dans les artères le sang est d'un beau rouge. Il contient des matériaux nutritifs et en outre de l'air respirable, ainsi que nous allons le voir. Dans les veines, il est d'un rouge noir. Il ne contient plus des matériaux nutritifs, et ne contient plus de l'air respirable, toutes ces choses ayant été dépensées en route pour l'entretien du corps.

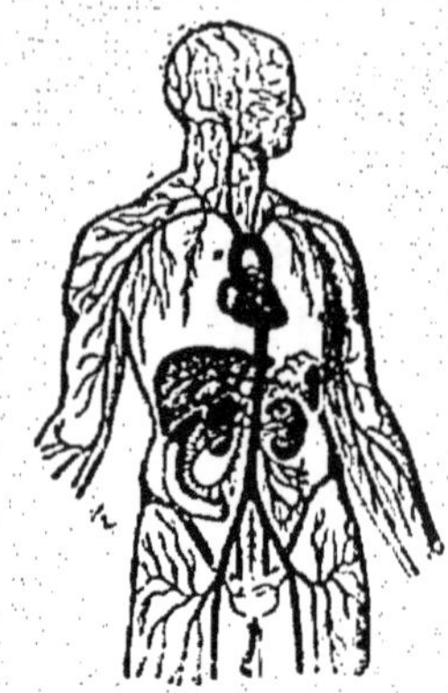

Fig. 58. — Le cœur et les principales artères.

Le premier s'appelle *sang artériel*, le second se nomme *sang veineux*. Celui-ci n'est plus propre à l'entretien de la vie; il a besoin de se refaire, de s'imprégner d'air respirable et de s'enrichir en sucs nutritifs avant de recommencer son voyage. Le sang artériel, au contraire, tout pénétré d'air respirable et chargé de matériaux propres à la nutrition, distribue la vie partout où il pénètre.

Tour à tour veineux et puis artériel, pour redevenir veineux encore, ensuite artériel, sans arrêt aucun, ni de nuit, ni de jour, jusqu'à ce que la machine animale se détraque et cesse de pouvoir fonctionner, le même sang se distribue partout, puis revient et recommence indéfiniment le même voyage. C'est ce qu'on appelle la *circulation du sang*.

Que signifie *circuler ?* Ce mot signifie marcher en rond, aller par un chemin et revenir par un autre qui rejoint le premier point de départ. Le sang circule, il marche en rond, c'est-à-dire qu'il va par la route des artères et revient par la route des veines; puis il recommence et reprend la route des artères, toujours ruisselant sur l'invariable voie.

Ce mouvement perpétuel ne se produit pas tout seul : il faut un moteur. Appuyez la main sur le côté gauche de la poitrine. *Toc*, *toc*, *toc*, *toc*, fait quelque chose qui remue. C'est le cœur qui bat, le cœur qui donne au sang son impulsion et le refoule jusqu'aux points les plus reculés d'où il reviendra par l'effet du premier élan reçu.

A tour de rôle, par ses propres forces, le cœur se gonfle un peu, se dilate; puis il se resserre un peu, se contracte. Ce sont ces mouvements alternatifs qui produisent le *toc, toc* que sent la main appuyée sur le côté gauche de la poitrine. Quand il se dilate, le cœur reçoit du sang accouru des diverses parties du corps; quand il se contracte, il le lance, au contraire. Le sang lui arrive par les veines, il en sort par les artères.

Fig. 59. — Le cœur et les poumons.

Il lui arrive veineux, impropre à la vie; il en part sang artériel, propre à la vie, après avoir fait une apparition dans les poumons, où il s'imprègne d'air respirable, ainsi que nous allons le voir tantôt.

Les deux espèces de sang, le veineux et l'artériel, de propriétés si différentes, ne doivent pas se mélanger dans le moteur qui donne au liquide nourricier l'élan général. Aussi le cœur est-il divisé en deux moitiés pareilles, l'une à gauche, l'autre à droite. La moitié droite reçoit le sang veineux revenant de toutes les régions du corps et le lance dans les poumons, où il devient sang artériel en s'imprégnant d'air respirable; la moitié gauche reçoit le sang artériel de retour des poumons et le lance dans toutes les parties du corps.

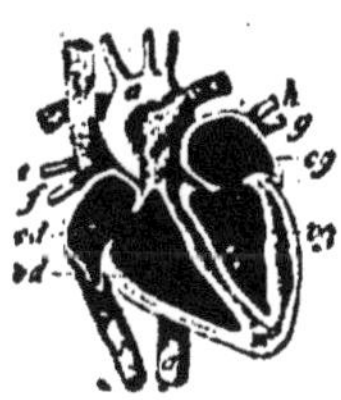

Fig. 60. — Section du cœur.

Le cœur bat donc sans repos pour s'emplir et se désemplir, pour recevoir et pour donner. S'il s'arrêtait un instant, ce serait la fin de la vie. Chaque ondée de sang refoulée en avant s'engage dans les artères en soulevant un peu le canal parcouru. De là résultent les battements du *pouls*, que l'on sent au poignet où l'artère est voisine de la peau.

CHAPITRE XXXVIII

LA RESPIRATION.

Vous vous souvenez que l'animal est comparable à une machine qui travaille, mise en mouvement par la chaleur. Lui aussi, machine d'une merveilleuse perfection, qui se répare et s'entretient d'elle-même, se meut, agit travaille, avec dépense de chaleur.

Or que faut-il pour produire de la chaleur? Deux choses : du combustible et de l'air. Dans les foyers qui font mouvoir la locomotive et les autres machines, le combustible, la chose brûlée, est du charbon, de la houille. Dans le corps, volontiers je dirais dans le foyer de l'animal, le combustible est la nourriture transformée en sang.

D'une personne qui met grande ardeur à son travail, on dit qu'elle se *brûle le sang*. Expression très juste, car s'agiter, se mouvoir, courir, travailler, prendre de la peine, c'est réellement se brûler le sang, de même que la machine brûle sa houille pour faire tourner ses rouages. Rien ne remue en nous sans amener une dépense proportionnelle de combustible.

Pour avancer une jambe devant l'autre, pour lever le bras, pour remuer seulement le petit doigt, il faut une dépense de sang brûlé, une certaine production de chaleur. Et si nous faisons des efforts soutenus, si nous nous livrons à un travail pénible, est-ce que le corps n'est pas bientôt suréchauffé, tout en nage, ruisselant de transpiration? Preuve évidente de la grande production de chaleur.

Il faut de l'air au foyer de la machine, sinon la combustion cesse et les rouages ne marchent plus. Il faut aussi de l'air à l'animal, sinon la vie s'éteint aussitôt faute de chaleur. Avant tout, nous vivons d'air : la nourriture ordinaire ne vient qu'en seconde ligne. Sans discontinuer, de nuit comme de jour, à tout instant, l'air agit en nous et entretient le foyer de la vie.

Voulez-vous vous convaincre de cette impérieuse nécessité de l'air pour vivre? Faites l'expérience que voici : fermez la bouche et pincez-vous les narines du bout des doigts, pour fermer à l'air les passages qui lui donnent accès dans notre corps. Combien de temps persisterez-vous dans cet état? A peine avez-vous commencé que vous vous sentez suffoquer. Un malaise insupportable vous prend; une sorte d'étouffement vous avertit que vous péririez bientôt si cela se prolongeait encore un peu.

Ainsi périssent les noyés, l'air ne leur arrivant plus à cause de l'eau interposée. Ils meurent suffoqués, ou comme on dit *asphyxiés*, par le manque d'air. Vous voilà convaincus de l'absolue nécessité de l'air pour vivre.

Tous les animaux, du plus grand au plus petit, sont comme nous; tous ont besoin d'air pour vivre, même ceux qui habitent l'eau, tels que les poissons. Seulement les animaux aquatiques ne respirent pas l'air de l'atmosphère, mais bien le peu d'air qui se trouve dissous dans l'eau; et pour ce genre de travail, ils ont un outillage fait exprès, tout différent du nôtre.

L'air arrive en nous par la bouche et les narines, principalement par celles-ci; il s'engage dans un large canal appelé *trachée-artère* et pénètre dans les deux *poumons*, situés dans la poitrine, l'un à droite, l'autre à gauche du cœur.

Les poumons sont comparables à des soufflets qui, tour à tour, s'emplissent d'air quand leur poche s'agrandit, puis se vident quand leur poche s'amoindrit. A tour de rôle, sans un instant de repos, il entre de l'air dans les poumons, air venu du dehors : c'est l'*inspiration* ; puis il en sort de l'air, tout changé de nature et impropre à la vie : c'est l'*expiration*.

En même temps arrive dans les poumons le sang veineux, que leur envoie la moitié droite du cœur. Ce sang s'y dépouille d'un gaz nuisible, produit de la combustion vitale, gaz que nous exhalons au dehors avec notre souffle, et il s'y imprègne d'air vivifiant, sans cesse renouvelé par la *respiration*. De noir qu'il était, le sang devient aussitôt rouge ; c'est désormais du sang artériel, propre à l'entretien de la vie. Les poumons l'envoient à la moitié gauche du cœur, et le cœur lui imprime l'élan qui doit le distribuer dans tout le corps.

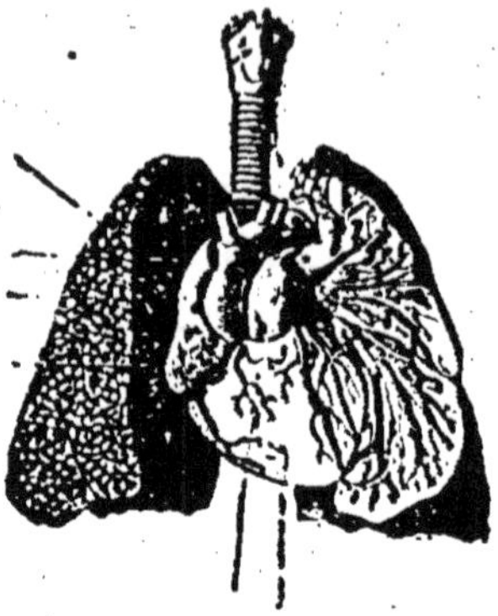

Fig. 61. — Les poumons et le cœur au milieu.

L'un des poumons est ouvert pour montrer les canaux où s'engage l'air venu de la trachée-artère.

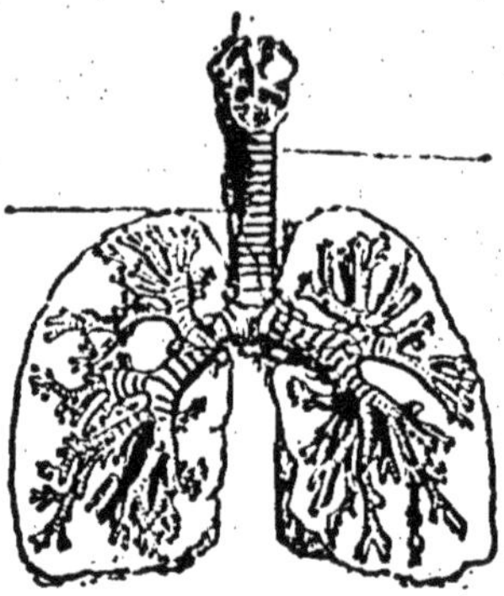

Fig. 62. — Les poumons.

Les deux poumons ouverts montrant les ramifications de la trachée-artère.

C'est ainsi que dans les artères continuellement circule un sang rouge, imprégné d'air apte à la combustion, et chargé de matières nutritives qui fourniront le combustible. C'est ainsi qu'en tout point du corps arrivent sans discontinuer les matériaux qui doivent produire chaleur et mouvement.

Vous vous figurez peut-être que la combustion vitale se passe comme celle de nos foyers, et vous songez à l'existence de quelque brasier dans le corps. Détrompez-vous : bien qu'il y ait réellement combustion, il n'y a pas de foyer. Quelques explications vous le feront comprendre.

La dissolution qui se fait dans nos foyers d'une manière violente, avec production d'une forte chaleur, n'est pas la seule manière dont le charbon se consume. Un morceau de bois abandonné aux intempéries brunit à la longue, perd peu à peu sa consistance et tombe enfin en poudre.

Or cette destruction du bois est de tous points comparable à ce qui se passe dans un fourneau. C'est encore une combustion, mais si lente, que la chaleur dégagée n'est pas sensible ou l'est à peine. Le bois qui pourrit dissout peu à peu son charbon dans l'air, qui l'entraîne à l'état invisible; et à la suite de ces pertes incessantes, un tronc d'arbre finit par se réduire à quelques poignées de terre, comme le charbon du fourneau se réduit à un peu de cendre. Dans un tas de fumier, la température s'élève beaucoup; dans une meule de foin humide, elle peut aller jusqu'à l'incendie.

Il convient donc, bien qu'au fond le fait soit le même, de distinguer la combustion rapide de la combustion lente, enfin d'admettre divers degrés dans la manière de brûler. Un vieux tronc d'arbre qui pourrit, une meule de foin humide qui s'échauffe, un fagot qui flambe dans l'âtre, offrent autant de degrés divers dans la rapidité de la combustion.

Eh! bien, la combustion vitale est plus vive que celle du bois en décomposition, elle est plus lente que celle du bois qui flambe. Elle produit par conséquent de la chaleur, bien qu'il n'y ait pas dans le corps de foyer ardent, de brasier.

CHAPITRE XXXIX

LE MOUVEMENT VOLONTAIRE. — LES SENS.

L'animal a de plus que la plante le mouvement volontaire, qui lui permet de se déplacer, d'aller où bon lui semble, enfin d'accomplir des actions très variées, ne serait-ce que pour se procurer le manger. Il a de plus encore la sensibilité, qui lui fait connaître ce qui est en dehors de lui. Examinons rapidement de quelle manière les choses se passent en cette double aptitude de l'homme et de l'animal.

Tout mouvement, dans une machine, suppose des points d'appui, c'est-à-dire des points qui par leur résistance et leur fixité dirigent et régularisent l'élan de la force. La roue du moulin, mise en rotation par l'eau, a pour points d'appui une solide construction de pierre, sur laquelle tourne son axe. Sans ces points d'appui, la roue s'en irait entraînée par le courant et ne pourrait faire tourner le moulin.

Chez l'homme et chez tous les animaux qui se rapprochent le plus de nous par la structure, les points d'appui des mouvements volontaires sont fournis par le *squelette*, sorte de solide charpente formée d'une foule de pièces, dont beaucoup sont mobiles l'une au bout de l'autre.

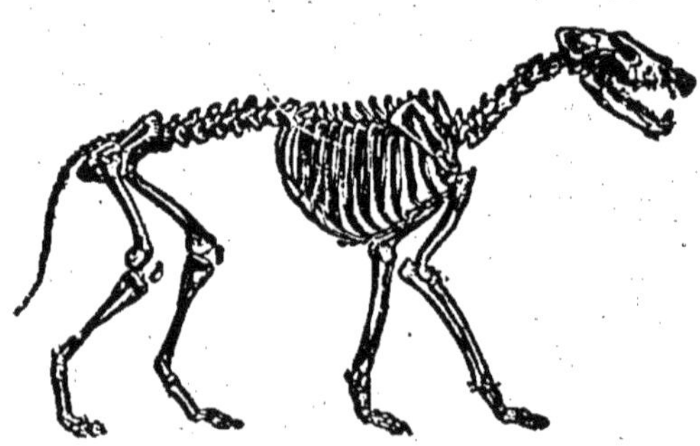

Fig. 63. — Squelette du Chien.

Ces diverses pièces se nomment *os*. Il y en a de longues et il y en a de courtes; il s'en trouve d'épaisses tandis que d'autres sont minces; les unes sont conformées d'une façon et les autres d'une façon toute différente, suivant les usages auxquels elles sont destinées. Toutes sont composées de matière pierreuse, où il entre notamment de la chaux et du phosphore.

Tantôt les os sont agencés l'un avec l'autre d'une manière invariable, leurs bords mutuellement s'engrènent par des dentelures, comme les bords de deux pièces de menuiserie assemblées. L'*articulation*, c'est-à-dire la ligne de jonction, est alors *fixe*. Dans ce cas se trouvent les divers os de la tête, sauf la mâchoire inférieure. Tantôt les deux os voisins sont mobiles l'un au bout de l'autre. L'articulation est alors dite *mobile*. Telle est l'articulation sur laquelle joue le bras pour se rapprocher de l'avant-bras.

A elle seule, la charpente des os ne peut produire le mouvement : il faut un moteur qui en fasse jouer les diverses pièces comme il convient. Les *muscles* sont ce moteur. On appelle muscles ce que l'on désigne habituellement sous le nom de chair.

La chair se subdivise en une multitude de faisceaux, de paquets allongés, ayant chacun son travail spécial. Chacun de ces faisceaux constitue un muscle. Il y en a de toute grosseur, suivant la force qui doit être déployée. Par ses deux extrémités, un muscle se fixe en des points d'attache différents situés sur les deux os voisins qu'il s'agit de faire mouvoir autour de l'articulation.

Les muscles ont la propriété de se raccourcir un peu en augmentant d'épaisseur, et de s'allonger un peu en diminuant d'épaisseur. Prenez un fil de gomme élastique et tirez, le fil s'allongera en devenant plus fin. Relâchez-le, il se raccourcira en devenant plus gros. Ainsi fait le muscle, avec cette profonde différence qu'il n'a pas besoin d'être tiraillé pour devenir plus long. C'est de lui-même, sans l'intervention d'une force étrangère qu'il s'allonge et qu'il se raccourcit.

C'est au moyen des raccourcissements et des allongements musculaires que se meuvent les diverses parties du corps. Quand il se contracte ou se raccourcit en grossissant, un muscle déploie sa force, il agit. Quand il se relâche ou s'allonge en diminuant de grosseur, il ne produit plus de force, il n'agit plus.

Serrez à pleine main le milieu du bras, et fléchissez l'avant-bras comme pour venir toucher l'épaule. Vous sentirez sous la main quelque chose se gonfler et durcir. C'est le muscle du bras qui se contracte, se raccourcit et se gonfle un peu pour faire tourner l'avant-bras sur l'articulation du coude et l'entraîner vers l'épaule. D'une façon semblable se produisent tous les autres mouvements.

Les mouvements du corps sont volontaires, c'est-à-dire qu'il se font ou ne se font pas, suivant notre volonté. Notre machine est bien toujours prête pour l'action, mais elle n'agit que sur un ordre formel. Cet ordre lui arrive par l'intermédiaire du *cerveau*, de la *moelle épinière*, des *nerfs*.

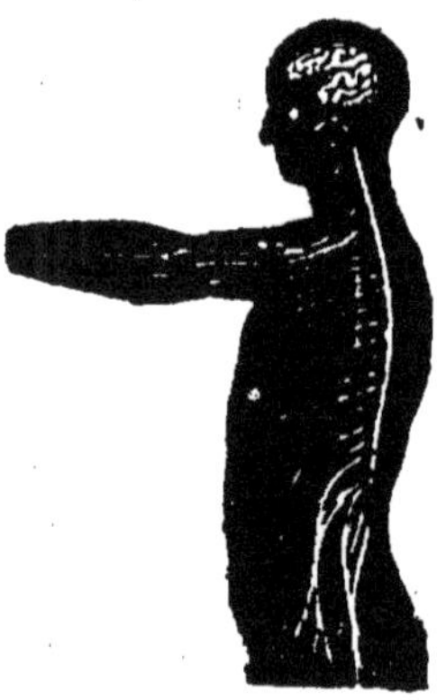

Fig. 64. — Le cerveau, la moelle épinière et les nerfs.

Le cerveau, ou cervelle, est logé dans la tête, qui lui forme une solide boîte osseuse. Sa matière blanche et molle vous est connue. La moelle épinière est un long cordon de la même matière molle et blanche, qui part du cerveau et s'engage dans un robuste étui, dans un canal percé à travers la série d'os empilés, ou vertèbres, constituant l'épine du dos. Les nerfs sont des filaments, toujours de la même matière blanche et molle, qui partent soit du cerveau soit de la moelle épinière, et se distribuent dans toutes les parties du corps en se ramifiant de plus en plus, et devenant toujours plus fins.

Vous voyez qu'un nerf n'est pas ce que vous vous figuriez peut-être, en songeant à la brutale lanière si mal à propos nommée nerf de bœuf. Un véritable nerf n'a rien de cette solide et grossière structure; c'est au contraire quelque chose de mou, de très délicat comme la matière elle-même du cerveau.

Pour qu'un muscle agisse, il faut que l'ordre de notre volonté lui soit transmis par le nerf qui s'y distribue. Si ce nerf ne fonctionne pas, soit coupé par une blessure, soit mis à mal par une détérioriation quelconque, l'influence de la volonté ne lui arrive plus, et il est dans l'impuissance d'agir, il est *paralysé*.

Un bras paralysé peut être en apparence aussi bien portant que l'autre, aussi vigoureux d'aspect, aussi fortement constitué; et cependant nous ne pouvons nous en servir. Impossible de saisir quelque chose, de fermer la main ou de l'ouvrir. Autant vaudrait avoir appendu à l'épaule un bras artificiel en bois. D'où provient que nous ne sommes plus maîtres de faire usage de ce membre? Cela provient de ce que le filament qui l'animait, le nerf qui lui transmettait notre vouloir, a cessé de fonctionner.

Par d'autres nerfs, communiquant eux aussi les uns avec le cerveau, les autres avec la moelle épinière, nous avons connaissance de ce qui se passe en dehors de notre corps. Ce sont les nerfs de la sensibilité, nerfs qui se rendent aux organes des sens. Nous possédons cinq sens, ou cinq manières différentes de communiquer avec ce qui n'est pas nous, savoir : la *vue*, l'*ouïe*, le *goût*, l'*odorat* et le *toucher*.

La vue, impressionnée par la lumière, nous fait connaître les couleurs, les formes, les positions respectives des objets. Elle a pour *organes* ou pour outils les yeux. L'ouïe nous fait entendre le son, les bruits. Elle a pour organes les oreilles. L'odorat nous renseigne sur les odeurs, son organe est le nez. Le goût nous fait apprécier les saveurs, son outil est la langue. Le toucher nous apprend la forme, le degré de dureté, la température chaude ou froide, l'état des surfaces polies ou rugueuses; il s'exerce par tout point du corps, mais principalement par la main, qui est son organe le plus parfait.

A tous ces organes se rendent des nerfs spéciaux, qui transmettent au cerveau l'impression reçue pour nous en donner connaissance. Si l'un de ces nerfs cessait de fonctionner pour une cause ou pour une autre, l'organe correspondant serait *paralysé*. Nous cesserions de voir, quoique les yeux n'eussent rien de changé, rien de dérangé dans leur délicate structure; nous cesserions d'entendre, quoique les oreilles fussent en excellent état. On serait aveugle, on serait sourd, par cela seul que le nerf de la vue et le nerf de l'ouïe ne transmettraient plus au cerveau l'impression faite par la lumière ou par le son.

CHAPITRE XL

GRANDES DIVISIONS DU RÈGNE ANIMAL.

Le chien, le chat, le loup, le mouton, le bœuf ont des os, dont l'ensemble forme la charpente solide qui donne attache aux muscles et leur sert d'appui pour produire les mouvements volontaires. Ont des os aussi tous les animaux à quatre pattes et couverts de poils comme les cinq que nous venons de citer.

Ont des os pareillement tous les oiseaux, dont le corps est couvert de plumes, dont les mâchoires sont armées d'un bec et dont les membres antérieurs sont propres au vol et portent le nom d'ailes. On trouve encore des os chez tous les reptiles, serpents et lézards; chez les crapauds et les grenouilles; enfin chez les poissons. Il est vrai que dans ce dernier cas, nous donnons habituellement aux os le nom d'*arêtes;* mais les arêtes ne sont pas autre chose que des os, formés, comme toujours, de matière minérale.

En dehors de ces divers animaux, il n'y a plus d'os. Les points d'attache pour les muscles sont fournis par la peau, plus ou moins encroûtée, plus ou moins durcie. Il n'y a pas d'os chez le ver de terre et chez la limace; chez l'écrevisse et le hanneton; chez l'araignée et le scorpion, ainsi qu'une infinité d'autres, car les animaux sans os sont incomparablement les plus nombreux.

Nous sommes ainsi conduits à faire du règne animal deux parts très inégales, dont la moindre est celle des animaux pourvus d'os, et la plus grande en nombre celle des animaux dépourvus d'os.

Je vous ai déjà dit un mot des vertèbres. Ce sont des os empilés l'un sur l'autre et formant l'épine du dos. Chez l'homme il y en a trente-trois. Elles sont percées d'un trou, de manière que, par leur superposition, elles produisent un long canal où se trouve logée la moelle épinière, prolongement du cerveau.

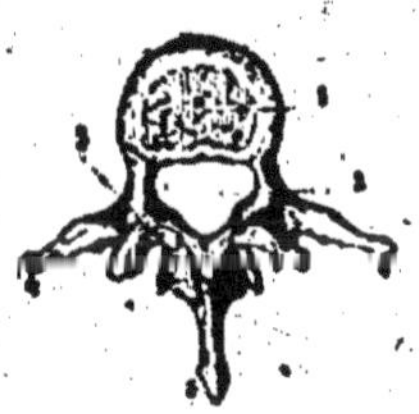

Fig. 65. — Vertèbre.

Or, de toutes les pièces osseuses, ce sont les vertèbres qui varient le moins de forme d'une espèce animale à l'autre; ce sont elles qui persistent les dernières dans tout squelette, si simplifié qu'il soit. Une colonne vertébrale, et sa dépendance la tête, tel est au moins l'édifice des os dans sa plus grande simplification. C'est ainsi que les serpents, dépourvus de membres et par conséquent des os qui entrent dans leur structure, sont réduits à une longue file de vertèbres.

La vertèbre est donc l'os général, l'os qu'on retrouve partout, alors même que le reste manque. Aussi pour désigner les animaux doués d'une charpente osseuse, se sert-on du nom de l'os qui leur est commun à tous : on les dit *animaux vertébrés.*

Par opposition, on nomme *invertébrés*, c'est-à-dire sans vertèbres, les animaux dépourvus de charpente osseuse. Comme ils sont très nombreux, on les divise en plusieurs séries, ainsi que nous allons voir.

Considérons d'abord l'écrevisse. A l'intérieur, aucun os; mais à l'extérieur, la peau durcit et s'encroûte de matière pierreuse pour former une sorte de cuirasse protégeant l'animal. De plus, cette dure enveloppe se divise transversalement en plusieurs pièces qui s'articulent l'une à l'autre, c'est-à-dire s'ajustent en conservant leur mobilité.

Fig. 66. — L'Écrevisse.

Cette structure par pièces distinctes, articulées bout à bout et réunies au moyen d'une membrane souple, se remarque aussi dans les pattes, tant les grosses que les petites, formées de tronçons rangés en file; elle se retrouve jusque dans les cornes, où un œil patient pourrait compter par centaines les fines pièces dont elles sont composées.

En somme, le corps de l'écrevisse peut être comparé à un ensemble d'anneaux, plus ou moins larges, réunis bord à bord par une soudure flexible.

Il est facile de constater dans le hanneton, principalement au ventre et aux pattes, cette structure par pièces

Fig. 67. — Le Hanneton.

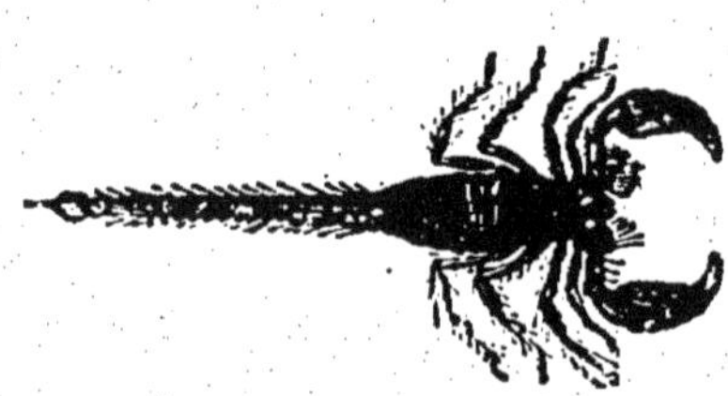

Fig. 68. — Le Scorpion.

articulées; et ce que nous disons du hanneton s'applique à tous les insectes, mouches, abeilles, guêpes, scarabées de toute sorte. Autant faut-il en dire du scorpion, du mille-pattes, de l'araignée, dont les pattes au moins se composent de pièces articulées bout à bout.

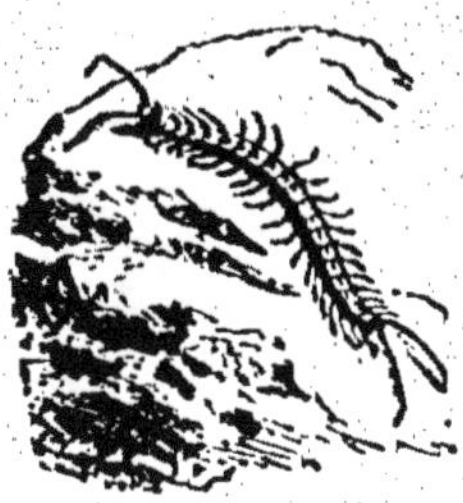

Fig. 69. — Le Mille-pattes.

Fig. 70. — Le Ver de terre.

Enfin un œil attentif peut reconnaître sur le corps du vulgaire ver de terre, ainsi que sur le corps de la sangsue, la division transversale. On y remarque de fins sillons, qui sont les indices de la structure par segments ou anneaux.

Fig. 71. — La Sangsue.

Eh ! bien, tous les animaux dont le corps est partagé en une série de pièces disposées bout à bout se nomment animaux *annelés*, pour rappeler les anneaux ou tronçons qui les composent.

Quoique animal rampant et à peau nue, la limace n'a pas la structure du ver. Rien à la surface n'indique la division par anneaux : aucun pli, aucune rainure transversale ne rappelle ici l'animal annelé. De plus, tout le corps est mou, sans charpente osseuse à l'intérieur, sans armure pierreuse comme dans l'écrevisse, sans armure de corne comme chez le hanneton.

Fig. 72. — La Limace.

L'escargot, si voisin de la limace, possède, il est vrai, sa coquille, demeure de pierre où l'animal rentre en cn tier quand il se croit en danger. L'huître pareillement a pour demeure une coquille, mais formée de deux pièces, de deux écailles, qui s'entre-bâillent ou se ferment à la volonté de l'animal. Dans tous les trois, limace, huître, escargot, le corps est mou, sans aucune trace de division par anneaux.

Fig. 73. — L'Escargot.

Les animaux de structure semblable, les uns tout à fait nus, les autres, plus nombreux, doués d'une coquille, se nomment animaux *mollusques*, du mot latin *mollis*, mou. On fait ainsi allusion à la molle consistance de leur corps.

Enfin les eaux de la mer nourrissent une foule de petits animaux qui, par leur forme, rappellent une fleur épanouie. On les nomme *zoophytes*, expression signifiant

Fig. 74. — Anémone de mer (Zoophyte).

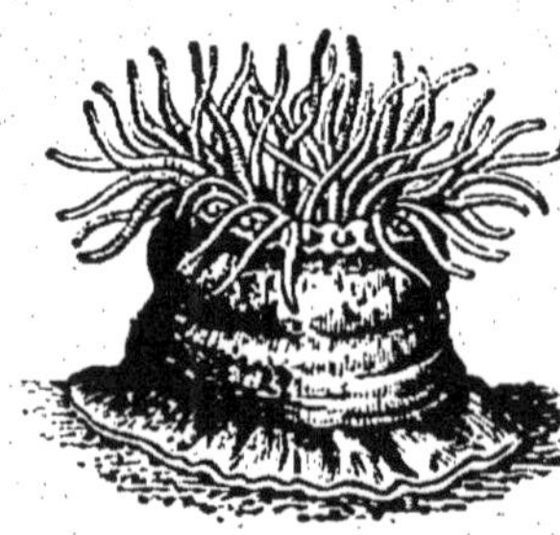

Fig. 75. — Autre Anemone de mer (Zoophyte).

animal-plante. Ce sont bien réellement des animaux, mais leur aspect de fleur épanouie les fait ressembler à des plantes. Leur peu d'intérêt pour nous ne demande pas de plus grands détails.

En résumé, nous reconnaissons dans le règne animal quatre grandes séries, qu'on nomme *embranchements*, savoir :

Les *Vertébrés*, animaux doués d'une charpente osseuse ou squelette.

Les *Annelés*, animaux dont le corps est divisé transversalement en segments ou anneaux.

Les *Mollusques*, animaux à corps mou, très souvent mais non toujours pourvu d'une coquille.

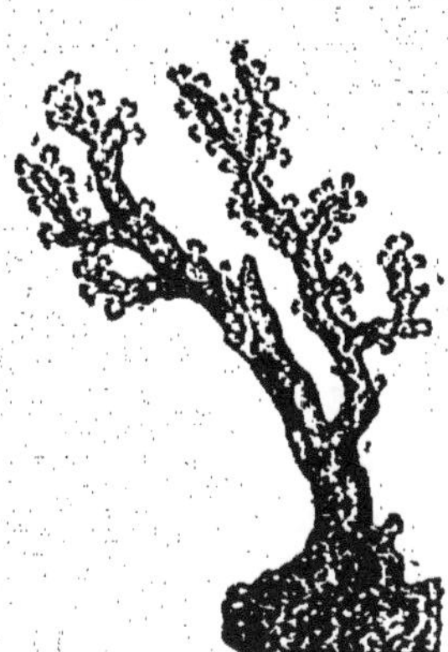

Fig. 76. — Le Corail (Zoophyte).

Fig. 77. — Un animalcule du Corail.

Les *Zoophytes*, dont la structure rayonnante rappelle celle d'une fleur.

CHAPITRE XLI

DIVISION DES VERTÉBRÉS EN CLASSES.

La brebis a quatre pattes, son corps est revêtu d'une toison, formée de brins de laine qui sont chacun autant de poils. Elle met au monde ses petits vivants. Dans leur jeune âge, elle les allaite, c'est-à-dire les nourrit de lait, fourni par les mamelles.

L'ensemble des vertébrés ayant comme la brebis quatre pattes, un vêtement de poils et des mamelles pour allaiter les jeunes, forme la classe des *Mammifères*. Cette expression signifie porte-mamelles. On fait entendre par là que la mère est douée de mamelles, d'où provient le lait, première et unique nourriture des nouveau-nés.

C'est dans la classe des mammifères que se trouvent les animaux dont l'organisation se rapproche le plus de la nôtre. Là se rangent, par exemple, les singes, le chien, le chat, le cheval, le loup, le renard, l'ours, l'éléphant, le lion, le tigre et tant d'autres.

La poule a le corps couvert de plumes. Elle a un bec sans dents pour saisir la nourriture. De ses quatre membres, les deux postérieurs sont des pattes, propres à la marche ; les deux antérieurs sont des ailes, propres au vol. Ses jeunes, les poussins, proviennent d'un œuf. Les mammifères sont les seuls animaux qui mettent au monde leurs petits vivants ; tous les autres animaux, à bien peu d'exceptions près, qu'ils soient vertébrés ou sans vertèbres, pondent d'abord des œufs, d'où naissent plus tard les jeunes. Tel est, en particulier, le cas de la poule.

L'ensemble des vertébrés couverts de plumes, munis d'un bec et doués d'ailes, forme la classe des *Oiseaux*. Là se rangent le canard, l'oie, le dindon, le corbeau, le merle, la pie, le chardonneret, le moineau et une foule d'autres.

Les mammifères et les oiseaux sont les seuls animaux à *sang chaud*, la température de leur corps est assez élevée pour être appréciable à la main. Les oiseaux sont même plus chauds que les mammifères. Ce surcroît de chaleur est nécessité par la vivacité des mouvements de l'oiseau et surtout par le vol, qui exige une considérable dépense de force. Tous les autres animaux sont à *sang froid*, c'est-à-dire que leur température n'est pas assez élevée pour produire une impression de chaleur sur la main qui les touche.

Parmi les vertébrés à sang froid se trouve le serpent, qui n'a pas de membres et rampe sur le ventre. Son corps est couvert d'écailles. Le lézard a bien quatre pattes, mais si courtes qu'il touche à terre du ventre ; il rampe presque. Son corps est couvert de jolies petites écailles semblables à des perles. Ces animaux rampants, à sang froid, à peau garnie d'écailles, forment la classe des *Reptiles*. Cette dénomination vient d'un mot qui signifie ramper.

La grenouille et le crapaud sont courts de membres comme les reptiles ; comme eux ils ont le sang froid ; mais leur peau est nue ; et de plus, dans le courant de leur vie, ils changent de forme. Ils sont d'abord des *têtards*, qui grouillent dans les eaux tièdes et tranquilles ; plus tard, ils perdent la queue, acquièrent des pattes et deviennent vrais crapauds, vraies grenouilles. L'ensemble de ces vertébrés forme la classe des *Batraciens*, ainsi désignés d'un mot signifiant grenouille.

Les poissons terminent la série des vertébrés à sang froid. Ils vivent dans l'eau, en respirant l'air qui s'y trouve dissous, tandis que tous les autres vertébrés respirent l'air de l'atmosphère. Pour membres, ils ont des nageoires, organes de la natation. Leur corps est couvert d'écailles. Ces animaux forment la classe des *Poissons*.

Ainsi les vertébrés se partagent en cinq classes : 1° les *Mammifères*, 2° les *Oiseaux*, 3° les *Reptiles*, 4° les *Batraciens*, 5° les *Poissons*. Nous allons maintenant, dans chacune de ces classes, examiner quelques-uns des animaux les plus importants.

CHAPITRE XLII

LE CHIEN.

Le chien est le plus précieux de nos animaux domestiques, le compagnon et l'ami de l'homme autant que son serviteur. Nous en possédons diverses races, différant entre elles par la taille, le poil, l'aspect et surtout les aptitudes.

Et d'abord le *Mâtin*, le vigilant gardien de la ferme, le courageux protecteur du troupeau. C'est un animal robuste, hardi, d'assez grande taille, à poils courts sur le dos, plus longs sous le ventre et à la queue. Il a la tête allongée, le front aplati, les oreilles dressées à la base et pendantes au bout, les pattes fortes, la mâchoire vigoureuse. Le blanc, le noir, le gris, le brun, sont les couleurs de son pelage.

Le mâtin a les mœurs rustiques, l'odorat obtus, l'intelligence peu développée. On lui reproche aussi de ne pas être des plus dociles et de ne pas prodiguer ses caresses. Quand on mène rude vie aux pâturages des montagnes, il est bien difficile de posséder les caressantes gentillesses du chien désœuvré.

Le mâtin a les qualités de son état. Que le loup paraisse, et, sans regarder s'il est le plus fort ou le plus faible, le vaillant chien se jettera sur la bête et l'appréhendera par la peau du cou, dût-il périr dans la bataille. Le mâtin ne pèse pas le danger, il va droit où son devoir l'appelle, noble qualité qui familièrement fait dire de quelqu'un énergique et résolu : c'est un bon mâtin.

Nous n'aurons pas moins d'estime pour le *Chien de berger*. Celui-ci est d'une grandeur moyenne, ordinairement noir, à poils longs sur tout le corps, excepté sur le museau. Il a les oreilles courtes et droites, la queue pendante ou horizontale.

Le mâtin est le défenseur du troupeau, le chien de berger en est le conducteur. Le premier a pour lui la force brutale, vigueur de corps et puissance de mâchoire; il donne hardiment la chasse aux loups, mais il n'a rien des qualités nécessaires pour la conduite du troupeau. Cette fonction, toute d'intelligence, revient au chien de berger.

Tandis que le maître repose à l'ombre ou distrait ses

loisirs en soufflant dans la flûte de buis, lui, posté sur une élévation voisine, inspecte du regard le troupeau et veille à ce que nul ne s'écarte des limites du pâturage.

Faut-il rassembler les brebis dispersées ? Sur un signe du maître, le voilà parti. Il fait le tour du troupeau, aboyant d'ici, houspillant de là, et chasse devant lui, de la circonférence au centre, l'errante multitude, qui redevient en quelques instants groupe compact. Sa mission remplie, il retourne au berger, attendant de nouveaux ordres, un mot, un geste, un simple regard.

Par la taille et la force, le *Danois* se rapproche du mâtin ; mais il s'en distingue aisément par le pelage, qui d'habitude est blanc, avec de nombreuses taches rondes. C'est un magnifique chien, peu répandu, gardien des grandes maisons, ami des chevaux, et dont la fonction favorite est de précéder en jappant la voiture de son maître.

Le *Lévrier* est doué d'une tête plus effilée, d'un museau plus allongé que dans aucune autre race. Il a les oreilles à demi tombantes et dirigées en arrière, la poitrine étroite, le ventre évidé, comme amaigri, les jambes hautes et fines, la queue longue et mince, la taille élancée. C'est le chien le plus rapide. Il force le lièvre à la course, et c'est de là que lui vient son nom.

L'*Épagneul* est ce beau chien caractérisé par sa tête fine, par un poil long et souple, abondant surtout aux oreilles, qui sont pendantes et soyeuses, et à la queue, qui forme panache touffu. Nul mieux que lui n'a le regard aimable et doux. L'attachement au maître, l'intelligence se lisent dans ses yeux.

A ce mérite joignons cet autre que l'épagneul est un expert chasseur. Dans cette race se trouvent les chiens à nez fendu, ou chien à nez double. Cette particularité ne paraît rien ajouter à la finesse du flair.

Le *Barbet*, autrement dit *Caniche* ou *Chien-mouton*, est renommé pour son intelligence exceptionnelle, sa douceur de caractère, sa fidélité sans égale. Qui ne connaît le barbet avec sa grosse tête ronde, pleine de bonhomie, ses longues oreilles pendantes, ses jambes courtes, son corps trapu, sa fourrure longue, fine et fri-

Fig. 78. — Diverses races du Chien.

1, Petit Griffon. — 2, Braque français. — 3, Chien d'arrêt. — 4, Chien de berger. 5, Terre-neuve. — 6. Chien courant. — 7, Limier. — 8, Roquet.

sée, presque semblable à de la laine et qui lui a valu le nom de *chien-mouton ?*

A demi-tondu pour sa toilette d'été, il est plus beau encore. La moitié postérieure du corps est tondue et montre la peau rose; la moitié antérieure est couverte d'une épaisse crinière. Une houppe coquette surmonte la queue, d'élégantes manchettes ornent les pattes, le museau porte moustache et barbiche.

Mouton, appelons-le ainsi, comme il est d'usage, Mouton est passé maître dans les arts d'agrément. Il fait le mort, il donne la patte, saute par-dessus la canne tendue, se tient debout avec le morceau de sucre sur le nez, fait l'exercice, l'arme au bras et le chapeau de papier crânement sur l'oreille. Mouton est le savant de la famille. Avec une éducation soignée, on arrive à fourrer les choses les plus étonnantes dans sa bonne tête de chien.

Le *Chien courant* est le chasseur par excellence. Il a le flair d'une finesse extrême, qui lui permet de reconnaître le trajet suivi par le gibier rien qu'à l'odeur des émanations laissées par le passage de la bête. Guidé par un fumet insensible pour tout autre nez que le sien, il arrive droit au lièvre comme s'il l'avait eu constamment sous les yeux.

Il a dans ses narines un sens merveilleux, dont notre odorat est la très imparfaite ébauche, un sens supérieur en délicatesse à la vue, que la distance et le manque de lumière mettent en défaut, tandis que l'éloignement et l'obscurité n'apportent pas de trouble à l'infaillibilité de son nez.

Que le lièvre, échauffé par la course, ait seulement frôlé de son dos en sueur une touffe de buissons, cela suffit et au delà pour le mettre sur la piste; et à voir l'assurance de la poursuite, on s'imaginerait que la bête chassée a tracé dans l'air un sillon visible pour le chien.

Comme son nom l'indique, le *Basset* est très bas sur jambes. Il a de plus les quatre membres tordus et comme estropiés, ceux de devant surtout. On dirait que le chien a subi quelque violente entorse dont il n'a pu complètement guérir. Sa tête, ses oreilles amples et pendantes, son poil ras, sont à peu près les mêmes que pour le chien courant.

Le basset est un ardent chasseur. Avec ses jambes courtes et torses, il trottine plutôt qu'il ne court; mais

Fig. 79. — Diverses races du Chien.

1, Chien loup. — 2, Chien océanien. — 3, Chien de la Nouvelle-Hollande. — 4, Lévrier. — 5, Levrette, — 6, Braque du Bengale. — 7, Doguin.

sa lenteur est plus perfide que l'élan, car elle laisse le gibier jouer et muser en sécurité devant lui. Sans soupçonner l'approche de l'insidieux ennemi, Jeannot lapin gambade et se frise les moustaches; mais déjà le basset est nez à nez avec lui, l'immobilisant d'une soudaine terreur. Le coup part : c'en est fait de Jeannot, qui bondit et retombe inerte sur le serpolet.

Le *Chien-loup* est le favori des voituriers. Pétulant et rageur, il va, revient sur le chargement d'une voiture, et aboie du haut de cette forteresse aux enfants qui l'agacent. Il est superbe de colère, avec sa petite tête léonine, sa queue en panache fortement roulée en tire-bouchon, son joli collier rouge à grelots et frange de poils de renard. Il a les oreilles droites et pointues comme le chien de berger, le museau effilé, le pelage court sur la tête et les pattes, long et soyeux sur tout le reste du corps.

La figure rébarbative et brutale du *Dogue* frappe tout d'abord le regard. Considérons sa tête grosse et courte; son épais museau et son nez épaté, parfois fendu; sa lourde lèvre supérieure, qui pend de chaque côté avec un filet de salive, tandis qu'elle bâille antérieurement et laisse apercevoir les dents; ses yeux petits, sans expression; ses oreilles déchirées de morsures, rendues plus laides par l'amputation; considérons tous ces caractères de rudesse, et nous verrons que le dogue est fait pour le combat.

Son don à lui est le don de la mâchoire qui happe et ne lâche plus. Quand il croise ses crocs dans la peau d'un adversaire, n'attendez plus qu'il desserre la mâchoire : un étau ne tient pas plus ferme. Rappels, menaces, coups, rien ne parvient à séparer deux dogues crochetés entre eux; il faut les saisir et les mordre à pleines dents au bout de la queue. La vive douleur de la morsure peut seule les tirer de leur convulsif acharnement.

L'audace, la force, l'indomptable ténacité dans la bataille, ainsi que l'attachement pour son maître, font de ce chien un précieux défenseur, qu'il fait bon avoir à ses côtés en mauvaise rencontre. Pour laisser à l'ennemi le moins de prise possible, on est dans l'usage de couper au dogue la queue et les oreilles ; on lui protège en outre le cou d'un collier armé de pointes de fer. Cette belliqueuse race est en faveur surtout en Angleterre où le nom général du chien est *dog*. De ce mot nous avons fait dogue.

CHAPITRE XLIII

LES CHAUVES-SOURIS.

La *Chauve-souris*, qui vole le soir autour de nos demeures, n'a rien de commun avec les oiseaux, dont elle ne possède ni le bec ni les plumes ; ce n'est pas davantage un rat qui sur la fin de sa vie aurait pris des ailes. C'est une créature spéciale qui naît, vit et meurt avec des ailes, sans appartenir en rien à la classe des oiseaux. Son corps a le poil et quelque peu la forme de la souris, ses ailes sont nues, chauves. De ces deux caractères associés vient le nom de chauve-souris.

La chauve-souris est un mammifère : elle a le corps défendu du froid par une fourrure ; elle a des mamelles pour allaiter ses petits. Quand elle sort le soir pour chercher de quoi manger, au lieu d'abandonner son nourrisson, toujours unique, dans quelque trou de mur, après l'avoir repu de lait, elle l'emporte avec elle, cramponné à sa poitrine ; et c'est appesantie par ce fardeau qu'elle poursuit au vol sa rapide petite proie, consistant en insectes, papillons du soir, phalènes, moucherons, scarabées.

Comment un mammifère, c'est-à-dire un animal dont la structure générale est celle du chat et du chien, par exemple, peut-il présenter le vol de l'oiseau ? Par quelle étrange disposition l'aile et la mamelle, qui sembleraient s'exclure l'une l'autre, sont-elles ici réunies ?

C'est tout simple : quatre doigts des membres antérieurs de la chauve-souris s'allongent démesurément, et entre ces doigts si longs est tendue une membrane, comme l'étoffe d'un parapluie est tendue sur les baguettes qui leur servent de charpente. Voilà l'aile de la chauve-souris, bien différente de l'aile de l'oiseau.

Fig. 80. — Squelette de Chauve-souris.

Considérons attentivement la figure 81 qui représente le râtelier d'une chauve-souris. Les incisives, si petites, si faibles, qu'on voit à la mâchoire inférieure, sont-elles faites pour ronger des matières végétales, pour couper des aliments tenaces ? Certes non : elles sont trop faibles pour être bien utiles.

Fig. 81. Râtelier de Chauve-souris.

Et puis ces deux crocs aigus ou canines annoncent un animal carnassier. Les molaires l'affirment encore davantage. Avec leurs couronnes à dentelures fortes et tranchantes, s'emboîtant si bien dans les creux à bords aigus de la mâchoire opposée, ces molaires ne sont pas évidemment destinées à triturer des grains ou broyer patiemment des matières filandreuses. C'est le râtelier d'un carnivore et non le moulin à trituration d'un herbivore.

Les dents viennent de nous apprendre le trait principal des mœurs de la bête. La chauve-souris est un chasseur, un mangeur de proie vivante, un petit ogre à qui toujours il faut de la chair fraîche. Reste à savoir le gibier qui lui convient. Évidemment ce gibier doit être proportionné à la taille du chasseur. La tête d'une chauve-souris n'est guère plus forte qu'une grosse noisette. La gueule, il est vrai, est fendue d'une oreille à l'autre, et peut, quand elle bâille en plein, engloutir des bouchées que ne feraient pas soupçonner les faibles dimensions de l'animal. Il n'importe : la chauve-souris ne doit s'attaquer qu'à de très petites espèces.

Que peut-elle poursuivre dans les airs, lorsque, après le coucher du soleil, elle voltige, allant et revenant sans cesse ? Elle poursuit des insectes de toutes sortes, ravageurs de nos céréales, de nos vignes, de nos arbres fruitiers, de nos étoffes. D'un essor tortueux, elle va et revient infatigable, monte et descend, apparaît et disparaît, piquant une tête de ci, piquant une tête de là, et chaque fois happant au vol un insecte, aussitôt broyé, aussitôt englouti.

Et tant que le permettent les lueurs mourantes du soir, l'ardent chasseur poursuit son œuvre d'extermination. Enfin repue, la chauve-souris regagne quelque sombre et tranquille retraite, non sans avoir garni ses abajoues, pochettes de réserve résultant d'un gonflement des joues. Là s'empilent à la hâte, pour être mangés à loisir, les insectes tués d'un coup de dent. Le lendemain et toute la belle saison, la même chasse recommence, toujours aussi ardente, toujours aux dépens des insectes seuls.

Fig. 82. — Chauves-souris au repos.

Après les oiseaux, l'agriculture n'a pas de plus vaillants auxiliaires que les chauves-souris. Pendant notre sommeil, alors que nous rêvons peut-être de nos fruits, de nos raisins, ces précieuses bêtes font, en silence, une guerre d'extermination aux ennemis de nos récoltes ; elles détruisent chaque soir, par nombres incalculables, hannetons, phalènes, teignes, pyrales, enfin la plupart des espèces qui menacent toujours de nous affamer, si d'autres que nous ne font bonne garde.

Mais la chauve-souris, dit-on presque d'un commun accord, est un être malfaisant, hideux, venimeux, de mauvais présage, qu'il faut écraser sans pitié sous le talon.

Non, mes amis, mille fois non : la chauve-souris est une créature inoffensive, qui, loin de nous faire du tort

Fig. 83. — Chauve-souris fer-de-lance.

Fig. 84. — Chauve-souris oreillard.

et de nous présager des malheurs, nous rend un service immense en sauvegardant les biens de la terre contre leurs innombrables destructeurs.

Non, nous ne devons pas la poursuivre de notre haine et la tuer impitoyablement ; nous devons, au contraire, l'estimer et la respecter comme un de nos meilleurs auxiliaires agricoles.

Non, la pauvre bête ne mérite pas la triste réputation que l'ignorance lui a faite ; son toucher ne communique pas la gale ainsi qu'on le dit parfois, sa dent ne meurtrit pas la mamelle des chèvres et ne souille pas nos provisions de lard ; son irruption fortuite dans un appartement n'est pas plus à craindre que celle d'un papillon ; tout au contraire, sa visite pourra nous débarrasser de quelques-uns de ces cousins qui nous harcèlent la nuit.

Tout bien considéré, nous n'avons rien, absolument rien à lui reprocher, et nous lui sommes redevables de très importants services. Voilà ce que l'examen raisonné répond aux sottises de l'ignorance. Désormais, si vous l'osez, écrasez la chauve-souris sous le talon !

CHAPITRE XLIV

LE HÉRISSON.

Si nous portons notre attention sur la figure 85 représentant le râtelier d'un *Hérisson*, nous remarquerons que les molaires sont armées de pointes aiguës, tant à la mâchoire supérieure qu'à la mâchoire inférieure. Ces dents s'engrènent les unes dans les autres quand l'animal mord, et plongent, comme autant de fins poignards, dans la chair de la proie capturée. L'animal est donc carnivore.

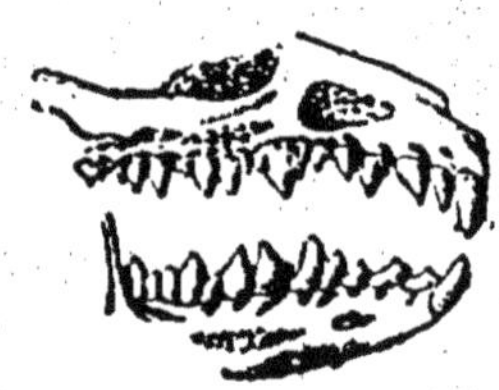

Fig. 85. — Râtelier du Hérisson.

Le hérisson est un chasseur d'insectes, il ajoute ses services à ceux que les chauves-souris nous rendent dans leurs chasses au vol. Il lui faut une proie plus abondante et plus forte. L'infime vermine est dédaignée ; mais une larve de hanneton, une courtilière ventrue, sont d'excellentes captures. Quand elles ne sont pas profondément situées, il fouille avec les pattes et le museau pour les déterrer.

Fig. 86. — La Courtilière.

Mais si sa nourriture habituelle se compose incontestablement d'insectes, la bête goulue facilement se laisse tenter par une proie plus volumineuse et de haut goût. Dans ces rondes à travers champs, le hérisson ne se fait pas scrupule de saigner les lapereaux surpris au gîte en l'absence de leur mère ; les œufs de la caille et de la perdrix sont pour lui grand régal ; il est même au comble du bonheur s'il peut tordre le cou à la couvée.

Quand, de fortune, il parvient à se glisser sous la porte d'un poulailler au milieu de la nuit, il saigne les petits poulets sous l'aile de leur mère, impuissante à les défendre dans l'obscurité. Mais, en prenant des précautions contre ses appétits sanguinaires, on peut tenir le hérisson dans les jardins, où il furette de partout et croque de nombreux ennemis sans porter de préjudice. C'est là un vigilant gardien, qui chaque nuit fait la ronde dans l'intérêt de nos légumes. Il fait une guerre d'extermination à l'insecte, ce redoutable ennemi des biens de la terre.

Et cependant l'homme s'acharne sur le hérisson ; il le voue à l'exécration ; il le traite d'animal immonde, bon tout au plus à exercer la furie des chiens, qui ne peuvent mordre sur son dos épineux ; il invente exprès pour lui le supplice de l'immersion dans l'eau froide pour le forcer à se dérouler ; et si la bête persiste dans son attitude de défense passive, dans son enroulement en boule, il l'excite d'un bâton pointu, l'aiguillonne, l'éventre. Ainsi toujours est l'ignorance : mélange de sottise et de méchanceté.

Fig. 87. — Le Hérisson.

Qui dit hérisson dit hérissé. L'animal, en effet, est revêtu pour sa défense d'une armure faite de dards acérés. Ces dards, ces piquants ne sont autre chose que des poils, mais très gros, raides et pointus ainsi que des aiguilles. Mélangés avec d'autres poils fins, souples et soyeux, faisant office de fourrure, ils recouvrent toute la partie supérieure du corps. Quant à la partie inférieure, elle n'a que des poils soyeux, sinon l'animal se blesserait lui-même en s'enroulant.

Lorsque le hérisson, très circonspect du reste, se sent en danger, il recourbe la tête sous le ventre, rapproche les pattes et se roule en une boule qui, de partout, présente à l'ennemi un rempart d'épines. Le renard sait beaucoup de ruses; le hérisson n'en sait qu'une, mais toujours efficace.

Quel est l'audacieux, en effet, qui oserait happer l'animal dans sa posture de défense? Le chien s'y refuse après quelques malencontreux essais, qui lui mettent la gueule en sang; il s'y refuse obstinément et se contente d'aboyer. A l'abri sous son enveloppe d'aiguilles, le hérisson fait la sourde oreille et reste coi.

Si le chien, surexcité par son maître, revient à la charge, le hérisson a recours à un dernier expédient de défense qui rarement manque son effet : il lâche son urine infecte, qui suinte de l'intérieur de la boule et vient humecter l'extérieur. Rebuté par l'odeur de la bête apuantie, piqué au nez par ses dards, le chien le plus ardent renonce à l'attaque. L'ennemi parti, le hérisson se déroule avec prudence et se hâte vers quelque sûre retraite.

CHAPITRE XLV

L'HIBERNATION.

La chauve-souris s'alimente exclusivement d'insectes; le hérisson en fait sa principale nourriture, bien qu'il lui arrive de chasser un plus fort gibier. Or, en hiver, les insectes manquent; la plupart sont morts après avoir pondu des œufs, et les rares survivants sont blottis, à l'abri du froid, dans des cachettes où il serait bien difficile de les trouver. Que deviennent alors les mangeurs d'insectes?

Chacun sait le proverbe : *Qui dort dîne*, proverbe de haute vérité dans sa naïve expression. Eh bien, le hérisson, les chauves-souris et d'autres, n'ayant plus à dîner, faute d'insectes, se mettent à dormir; mais d'un sommeil si profond, si lourd, que pour le désigner on se sert d'un mot spécial, celui de *léthargie*.

Un autre proverbe dit : *Comme on fait son lit, on se couche*. La bête, qui ne manque jamais d'esprit pour gérer ses propres affaires, prudemment s'y conforme : elle prend de sages précautions avant de s'abandonner au long sommeil d'hiver.

Le hérisson se choisit un gîte dans quelque tas de pierres, ou bien entre les fortes racines d'une souche d'arbre. Sur le déclin de l'automne, il y transporte herbes et feuilles sèches, qu'il dispose en une boule creuse, au centre de laquelle il s'endort.

Les chauves-souris s'assemblent par troupes dans les tièdes profondeurs de quelque grotte, où rien ne puisse venir les troubler. La tête en bas et serrées l'une contre l'autre, elles se cramponnent aux parois, qu'elles recouvrent d'une sorte de draperie velue; ou bien accrochées l'une à l'autre, elles forment des grappes qui pendent du plafond.

Maintenant l'hiver peut sévir, la neige blanchir les champs, la bise faire rage : le hérisson dans son épaisse coque de feuilles, les chauves-souris dans leurs réduits abrités, dorment profondément jusqu'à ce que la belle saison revienne, et avec elle les insectes, la nourriture, l'animation, la vie.

Voilà donc des animaux qui, pendant de longs mois, ne prennent aucune nourriture. Comment font-ils pour supporter ce jeûne prolongé?

L'entretien de la vie est, vous le savez, le résultat

d'une réelle combustion. Or, pour entretenir longtemps le feu dans nos foyers avec le même combustible, il faut ralentir le tirage, diminuer l'accès de l'air, sans le rendre nul cependant, car alors le feu s'éteindrait. Dans ce but, on enterre les tisons sous la cendre, on ferme plus ou moins la porte du cendrier d'un poêle. Avec plus d'air, la combustion est active, mais de courte durée; avec moins d'air, elle est faible, mais de longue durée.

Eh! bien, l'animal destiné à supporter un long jeûne, qui ne lui permet pas de renouveler le combustible, le sang, doit diminuer l'accès de l'air dans son corps, il doit en quelque sorte ralentir le tirage de son calorifère vital. Or, ce tirage, c'est la respiration.

Pour se passer quatre à cinq mois de nourriture et faire durer le peu de combustible que ses veines contiennent en réserve, l'animal n'a donc qu'une ressource : respirer le moins possible, sans se priver absolument d'air toutefois, car ce serait du coup l'extinction de la vie, comme l'extinction d'une lampe est la conséquence forcée du manque total d'air.

Nous avons là tout le secret du hérisson et des chauves-souris pour supporter, sans périr, la longue abstinence de la saison d'hiver.

D'abord, les précautions les mieux entendues sont prises pour éviter toute perte, toute dépense superflue de chaleur et pour économiser d'autant les réserves en combustible du corps. Le hérisson s'enferme dans une épaisse coque de feuilles, au sein d'un tas de pierres ou dans le creux d'une souche; les chauves-souris s'entassent en grappes dans le chaud abri d'une grotte.

Ce n'est pas encore assez. Il ne faut remuer, car tout mouvement ne s'obtient que par une dépense de chaleur. Cette condition est scrupuleusement remplie; leur immobilité est telle qu'on les dirait morts.

Ce n'est pas encore assez. Il faut amoindrir la respiration autant que possible. Et en effet leur souffle est si faible, que tout juste, avec grande attention, il peut se constater. L'engourdissement est si profond, l'anéantissement si complet que, s'il n'était suivi d'un réveil, cet état ne différerait pas de la mort.

On nomme *hibernation* cette suspension momentanée, ou plutôt ce ralentissement de la vie, auquel certains animaux sont assujettis pendant l'hiver. Au nombre des animaux *hibernants*, c'est-à-dire soumis à l'hibernation, sont, outre le hérisson et les chauves-souris, la marmotte, le loir, les lézards, les serpents, les grenouilles, les crapauds.

Est-il nécessaire de dire que pour tomber et se maintenir dans cet état qui rend l'alimentation inutile pendant des mois entiers, il faut une organisation faite exprès? Ne suspend pas qui veut sa respiration pour se soustraire à la nécessité de manger. Le chien et le chat, par exemple, auraient beau dormir profondément, comme leur respiration est très active, même pendant le sommeil, la faim les aurait bientôt éveillés.

Aucune espèce dont la nourriture est assurée pendant l'hiver n'est soumise à l'hibernation. Celles que le froid priverait fatalement du manger, sont sauvegardées de la destruction par l'engourdissement qui les gagne aux approches de la mauvaise saison. Ne trouvant plus de quoi se nourrir, elles dorment.

La marmotte dort quand la neige couvre les gazons des hautes montagnes; le loir dort quand manquent les fruits; les grenouilles, les crapauds, les couleuvres, les lézards, les chauves-souris, les hérissons dorment quand il n'y a plus d'insectes.

CHAPITRE XLVI

L'ÉLÉPHANT.

L'*Éléphant*, le plus gros des animaux terrestres, a pour caractère principal la *trompe*, au bout de laquelle s'ouvrent les deux narines.

La trompe n'est donc qu'un nez démesurément allongé. Elle est formée d'un entrelacement d'environ quarante mille petits muscles, tant longitudinaux que circulaires, qui lui donnent une grande mobilité en tous sens.

Fig. 88. — L'Éléphant.

Son extrémité se termine par un appendice charnu, faisant office d'un doigt d'une merveilleuse dextérité, et capable, par exemple, de dénouer une corde, déboucher une bouteille, tourner une clef dans sa serrure, guider un crayon sur le papier.

Avec la trompe, l'éléphant cueille à terre la nourriture que la brièveté du cou ne lui permet pas de cueillir des lèvres; et avec cette espèce de main, il la porte à la bouche. Le même organe fonctionne comme une pompe pour la boisson. En aspirant, l'animal remplit d'eau sa double narine; puis, repliant la trompe, il lance le liquide dans le gosier. D'une façon semblable, il s'asperge de sable pour chasser les mouches qui le tourmentent.

Cette trompe, douée d'une délicate dextérité rappelant celle de notre main, et capable de saisir l'objet le plus délié, comme un brin d'herbe, une feuille de papier, possède aussi une puissance énorme. De sa trompe, l'éléphant casse un arbre, le rompt ; il enlace son agresseur et le jette à terre pour le fouler sous la lourde masse de ses pieds.

La mâchoire supérieure porte deux monstrueuses incisives, qui se terminent en pointe et font longuement saillie hors des lèvres. Leur longueur varie de 1 à 3 mètres, et le poids pour la paire peut atteindre jusqu'à 150 kilogrammes. Ce sont là les *défenses*.

L'éléphant en fait usage pour fouiller le sol quand il recherche des racines charnues pour sa nourriture. Mais cet instrument de labour pacifique est aussi une arme terrible avec laquelle il transperce un ennemi dangereux. Si la lutte est trop périlleuse et que la trompe soit menacée, l'éléphant replie celle-ci sur le front et présente à l'agresseur, pour le tenir en respect, le double dard de ses défenses.

La tête est très volumineuse, voilée de chaque côté par de larges oreilles pendantes semblables à des lambeaux de cuir. Les yeux sont petits, mais brillants et assez expressifs. Le corps est court et ramassé. Cette lourde masse repose sur quatre jambes droites comme des piliers, sans articulations distinctes et terminées par des pieds arrondis. La peau est nue, dure, gercée à la façon d'une vieille écorce.

Les éléphants appartiennent aux régions chaudes de l'Asie et de l'Afrique. Ils se nourrissent exclusivement de végétaux. Sociables et pacifiques, ils vivent en troupes sous la conduite des vieux mâles. Les forêts pleines d'ombre, les fourrés épais de verdure, sont leur demeure favorite.

Le voyageur qui les surprend dans leur retraite peut juger du caractère paisible de ces colosses. Les uns cueillent de la verdure avec leur trompe, d'autres agitent un rameau feuillé pour s'éventer, quelques-uns sont couchés et dorment, tandis que les jeunes courent joyeux autour de la bande.

Il y en a qui gravement balancent la tête, ou rabattent les oreilles sur le front et les agitent; il y en a qui

Fig. 89. — Éléphants dans leurs forêts natales.

lèvent et baissent régulièrement une de leurs pattes antérieures, ou la font balancer d'avant en arrière. Mais si l'observateur est vu, senti ou seulement soupçonné, la troupe détale dans les profondeurs de la forêt.

Les défenses de l'éléphant fournissent l'*ivoire*, matière qui, par sa structure fine et serrée, apte à recevoir un superbe poli, se prête très bien aux travaux du tourneur et du sculpteur. Les billes de billard sont en ivoire. La chasse à l'éléphant a pour but d'obtenir les défenses, dont il se fait un commerce considérable.

Fig 90. — Éléphant attelé à un chariot.

De temps immémorial, l'éléphant des Indes est au service de l'homme ; on l'emploie comme bête de trait et de somme. Il traîne de lourds fardeaux, il s'attelle à des chariots, il porte sur son dos le chasseur qui va traquer le tigre, il rend enfin une foule de services avec une docilité de caractère rendue plus remarquable par la puissance énorme de la bête. Cependant sa domestication est incomplète, car il ne se propage pas en captivité. Il faut prendre vivants des éléphants sauvages et les apprivoiser après.

CHAPITRE XLVII

LA BALEINE.

Notre bœuf est bien gros et l'éléphant lui est de beaucoup supérieur. Il y a néanmoins des animaux plus gros encore ; mais ce n'est pas sur la terre, ce n'est pas dans les airs qu'il faut s'attendre à les trouver. Lorsque le corps acquiert des dimensions énormes, des pieds ne peuvent plus le supporter, des ailes ne peuvent plus le soutenir. Il faut l'appui des eaux pour de pareilles créatures. C'est donc dans la mer que vivent les animaux les plus gros.

En tête de ces monstrueuses bêtes est la *Baleine*, qui n'est pas un poisson malgré sa vie aquatique, mais un animal allaitant ses petits comme le font la brebis et la vache, enfin un mammifère. Cependant sa forme, disposée pour une nage très rapide, est grossièrement celle des poissons.

Fig. 91. — La Baleine.

Les membres postérieurs manquent, et les membres antérieurs sont disposés en deux amples nageoires. La queue aplatie en forme une troisième, principal organe du mouvement; mais à l'inverse de ce que nous montrent les poissons dont la queue s'étale toujours en une lame verticale, la baleine a la sienne étalée horizontalement, de sorte que, pour progresser, elle frappe l'eau de haut en bas, au lieu de la frapper de droite à gauche et de gauche à droite tour à tour.

L'animal mesure jusqu'à 35 mètres de longueur; avec 20 mètres seulement de dimension, il pèse 70.000 kilogrammes, près de cent fois le poids d'un bœuf. On assure même que la baleine peut arriver au poids de 250.000 kilogrammes.

La tête, de forme arquée, fait environ le tiers de cette prodigieuse masse, et apparaît de loin au-dessus des flots comme un monticule noir. Elle est percée au sommet de deux ouvertures ou *évents*, par où la baleine lance les fumées de son souffle humide.

Malgré son continuel séjour dans l'eau, la baleine a la respiration des mammifères, dont elle a aussi les mamelles. Elle respire l'air atmosphérique au moyen de poumons, exactement comme le chien, le cheval, le bœuf et autres mammifères terrestres. Elle est donc obligée de venir de temps en temps à la surface faire provision d'air.

Une minute et demie est à peu près l'intervalle entre deux respirations consécutives d'une baleine que rien ne trouble; mais s'il est poursuivi, blessé, l'animal peut rester plongé dans l'eau sans respirer jusqu'à vingt minutes.

Sa respiration débute par un souffle bruyant, qui chasse l'eau introduite dans les narines et la rejette en fine poussière jusqu'à 5 et 6 mètres de hauteur. On dirait deux colonnes de vapeurs qui s'échapperaient avec bruissement par des tubes étroits. Après cette évacuation du liquide, arrive l'inspiration, tout aussi bruyante.

La tête s'ouvre en une gueule de 5 à 6 mètres de longueur et de 3 à 4 mètres de largeur; c'est un antre où un canot avec son équipage aisément pourrait trouver place. Le plancher en est tapissé par la langue immobile, fixée à la mâchoire inférieure dans toute son étendue. C'est un matelas de graisse, tout gorgé d'huile, et si mou, que la pression de la main y laisse profonde empreinte; qui s'y coucherait dessus s'y enfoncerait. De ce prodigieux lardon se retirent cinq à six barils d'huile.

La mâchoire supérieure est armée, en guise de dents, de sept cents lames de nature cornée, qui pendent du palais suivant la verticale. On les nomme *fanons*, et dans le langage vulgaire *baleines*. Leur longueur varie de 4 à 5 mètres, et leur largeur atteint une trentaine de centimètres,

Solides et flexibles à la fois, ces lames sont recherchées par l'industrie, qui en fabrique, en particulier, des baguettes de fusil de chasse, et des charpentes pour maintenir étalée l'étoffe des parapluies.

Le gosier de la baleine est un étroit passage où s'engagerait à peine notre poing. Il faut au colosse nourriture très divisée, proie fort petite, consistant surtout en animalcules glaireux, d'une longueur de quelques centimètres, parfois aussi fins qu'une aiguille ou même presque invisibles, mais si nombreux et amassés en bancs si compacts, qu'ils rendent certains parages de la mer semblables à une purée animale.

La baleine nageant à la surface n'a qu'à ouvrir la gueule pour engloutir des millions de ces êtres. Le nombre suppléant à la taille, le plus petit nourrit ainsi le plus grand. A travers la palissade serrée des fanons, la bouchée est tamisée; les animalcules restent, aussitôt avalés, l'eau qui les accompagne est rejetée.

Les membres antérieurs, transformés en nageoires, sont aplatis en palettes dont la superficie dépasse 3 mètres carrés. Voilà, certes, de robustes machines à natation; mais la nageoire formée par la queue est encore plus puissante. Elle a 2 mètres de long, et de 6 à 8 mètres de large. Quand cet énorme battoir se redresse et retombe en frappant l'eau, il se produit à la ronde un remous de tempête. Une embarcation atteinte est mise en pièces, ou lancée en l'air avec son équipage.

La peau est un cuir nu, huileux, noir sur le dos et les flancs, blanc avec faibles reflets jaunâtres sous le ventre; quelques soies se rencontrent seulement à la partie antérieure de la gueule. Audessous, enveloppant tout le corps, est un matelas de graisse, pouvant atteindre un demi-mètre d'épaisseur; c'est pour ce lard et les fanons que la baleine est pêchée. Le lard fondu donne l'*huile de baleine*, dont il se fait grande consommation pour le graissage des machines et la préparation des cuirs.

Fig. 92. — La pêche de la Baleine.

La baleine ne nourrit qu'un baleineau à la fois; il est vrai que pour pareil nourrisson, il faut des tonnes de lait à chaque tétée. Elle témoigne pour son petit un vif attachement; elle le cache entre ses nageoires en cas de danger, elle l'abrite contre l'assaut des vagues grondantes, le défend avec courage et le conduit jusqu'à ce que les fanons devenus assez grands lui permettent de se suffire à lui-même

Les pêcheurs prennent parfois le balcineau, sans méfiance, dans le but d'attirer la mère. Celle-ci remonte, en effet, des profondeurs pour venir au secours du jeune; elle le prend dans ses nageoires et cherche à l'entraîner. C'est alors surtout qu'elle devient dangereuse: elle a perdu toute crainte et s'élance furieuse sur ses ennemis. Lardée de lances et de harpons, elle périt plutôt que d'abandonner son petit.

CHAPITRE XLVIII

LE COQ ET LA POULE.

Est-il besoin de décrire le coq? Qui n'a admiré ce bel oiseau, au regard vif, à la contenance fière, à la démarche lente et grave? Une lame de chair d'un rouge écarlate, lui forme sur la tête une crête dentelée; sous la base du bec pendent deux barbillons semblables à des lames de corail. Sur chaque tempe, à côté de l'oreille, est une plaque de peau nue et d'un blanc mat.

Fig. 93. — Le Coq.

Une riche pèlerine d'un roux doré lui descend du col et retombe sur les épaules et la poitrine; deux plumes à reflets verts et métalliques, se recourbent gracieusement en panache au-dessus de la queue. Le talon est armé d'un éperon de corne, d'un ergot dur et pointu, arme redoutable dont le coq poignarde son rival dans une lutte à mort.

Son chant est un éclat de voix sonore, qu'il fait entendre à toute heure, la nuit aussi bien que le jour. A peine le ciel commence-t-il à blanchir des douteuses clartés de l'aube, que, debout sur son perchoir, il jette aux échos de la nuit son perçant *coquerico*, réveille-matin de la ferme.

Le coq est le roi de la basse-cour. Plein de soin pour ses poules, il les conduit, les défend, les châtie; il surveille du regard celles qui s'écartent; il va chercher les vagabondes et les ramène avec de petits cris d'impatience, qui, sans doute, sont des admonestations. Un coup de bec, au besoin, achève de persuader les plus récalcitrantes.

Mais s'il découvre des vivres, grains, insectes, vermisseaux, il convie aussitôt de la voix les poules au régal. Lui cependant, superbe, généreux, se tient au milieu de la foule, grattant la terre pour mettre à jour les vers, et distribuer, de çà, de là, aux convives la nourriture déterrée. Si quelque poule gloutonne se fait la part trop grosse, il la rappelle aux devoirs de la communauté et la réprimande d'un coup de bec sur la tête. Quand toutes ses compagnes sont rassasiées, il se contente des restes.

Fig. 94. — La Poule.

Plus simple de costume, la poule, joie de la fermière, trottine dans la basse-cour, gratte et becquette en caquetant. L'œuf pondu, elle annonce ses joies avec un enthousiasme que ses compagnes partagent, si bien que tout le poulailler éclate en un chœur d'allégresse pour acclamer l'heureux événement.

Dans un recoin poudreux et visité du soleil, elle s'accroupit, se trémousse avec délices et fait voler une fine pluie de poussière entre ses plumes pour apaiser les démangeaisons qui la tourmentent. Puis, la patte allongée, l'aile étendue, elle sommeille dans son nid de terre aux heures les plus chaudes du jour; ou bien, sans se déranger de son voluptueux repos, elle épie la mouche posée contre le mur et la saisit d'un coup de bec prestement dardé.

Comme le coq, elle avale de petits cailloux qui lui tiennent lieu de dents et servent à broyer le grain dans le gésier. Elle boit en relevant la tête au ciel pour faire descendre chaque gorgée; elle dort sur une patte, l'autre retirée dans la plume et la tête cachée sous l'aile.

C'est bien un des plus intéressants spectacles de la ferme que celui de la poule à la tête de ses poussins. D'un pas lent, mesuré sur la faiblesse de la couvée, elle va de ci, puis de là, au hasard des trouvailles, toujours l'œil vigilant et l'oreille attentive. Elle glousse d'une voix enrouée par les fatigues maternelles; elle gratte pour déterrer de menus grains, que les petits viennent prendre sous son bec.

Voici qu'une bonne place est trouvée au soleil pour se reposer de la promenade et se réchauffer. La poule s'accroupit, gonfle son plumage et soulève un peu les ailes, arrondies en berceau. Tous accourent et se blottissent sous le chaud couvert.

Deux ou trois mettent la tête dehors, leur jolie tête éveillée où reluisent les yeux comme deux perles noires; l'un, dans sa hardiesse, se campe sur le dos, et, de ce poste élevé, becquette le cou de la poule; les autres, les plus nombreux, couchés dans le duvet, sommeillent ou pépient doucement. La sieste faite, on se remet en promenade, la mère grattant et gloussant, les petits trottinant autour d'elle.

Qu'est ceci? C'est l'ombre d'un oiseau de proie qui, un instant, est venue faire tache au milieu du soleil de la cour. La menaçante apparition n'a pas eu la durée d'un clin d'œil; la poule néanmoins l'a vue. Le danger presse, l'oiseau de rapine n'est pas loin. Au gloussement d'alarme, les poussins se réfugient à la hâte sous la mère, qui leur fait rempart de ses ailes.

Et maintenant le ravisseur peut venir. Cette mère si faible, si timide, qu'un rien mettrait en fuite dans une autre occasion, devient d'une imposante audace quand il s'agit de sa couvée. Que l'autour apparaisse, et la poule, ivre de tendresse et d'intrépidité, se jettera au-devant de la terrible serre. Par ses battements d'ailes, ses cris redoublés, ses furieux coups de bec, elle tiendra tête à l'oiseau de proie, qui finira par s'éloigner, rebuté par cette indomptable résistance.

Fig. 95. — Oiseau de proie.

L'attachement de la poule pour ses poussins se montre dans une autre circonstance remarquable. Comme elle est excellente couveuse, on lui donne parfois à couver les œufs de la cane. La poule élève sa famille d'adoption comme sa propre famille, elle a pour les petits canards les mêmes soins qu'elle aurait pour ses poussins.

Tout va bien tant que les canetons, veloutés d'un poil follet jaune, se conforment aux avis de leur nourrice et courent sous son aile au premier cri d'appel. Mais un jour arrive où leur instinct aquatique s'éveille. Ils sentent la mare, les petits canards, la mare voisine, où coasse la grenouille et frétille le têtard. Ils y vont clopin-clopant, rangés sur une file. La poule les suit, ignorante de leur projet. Ils atteignent la mare et se jettent à l'eau.

C'est alors, de la part de la poule, qui croit sa famille

en danger, les gloussements les plus désespérés. Dans ses transes mortelles, la pauvre mère court, comme une folle, sur le rivage, la voix enrouée d'émotion, le plumage hérissé de frayeur. Elle rappelle, menace, supplie. Le rouge de la colère lui monte à la crête, le feu du désespoir lui allume la prunelle. Elle va même, miracle de l'amour maternel ! elle va jusqu'à risquer une patte dans l'eau, dans l'élément perfide dont la vue la fait pâmer d'effroi.

Mais à toutes ses supplications les petits canards font la sourde oreille, heureux de pourchasser, au milieu des cressons, le têtard au ventre argenté.

Peu à peu cependant, rassurée par les premiers essais, la poule conduit volontiers au bain les canetons et surveille du rivage leurs joyeux ébats.

CHAPITRE XLIX

L'ŒUF.

Les œufs de la poule sont blancs, comme aussi les œufs du pigeon, du canard et de l'oie. La dinde a les siens tiquetés d'une multitude de petits points d'un roux pâle. Mais ce sont surtout les œufs des oiseaux non soumis à la domesticité qui sont remarquables par leur coloration.

Il y en a d'un beau bleu de ciel, tels que ceux de certains merles ; de roses, pour quelques fauvettes ; d'un vert sombre, presque bronzé, pour ceux du rossignol. Ceux du corbeau sont d'un vert bleuâtre avec des taches brunes ; ceux du chardonneret sont ponctués de brun rougeâtre, surtout au gros bout.

La coloration est tantôt uniforme, et tantôt rehaussée par des taches sombres, par des ponctuations jetées au hasard, par des traits bizarres qui rappellent une écriture indéchiffrable ; tels sont ceux de l'ortolan.

La plupart ont la forme allongée, renflée à un bout, pointue à l'autre, dont le modèle est l'œuf de poule ; mais

Fig. 96. — La Chouette.

Fig. 97. — Le Petit Duc.

il y en a de ronds, ressemblant à des billes : tels sont ceux des oiseaux de proie nocturnes, hiboux et chouettes.

Par sa nature, la coquille de l'œuf ne diffère pas de la vulgaire pierre à bâtir ; ou mieux, à cause de son extrême pureté, elle ne diffère pas de la craie dont on fait usage pour écrire au tableau. En un mot c'est du *calcaire*.

Or, aucun animal ne crée de la matière, aucun ne fait de rien son corps et tout ce qui en provient. L'oiseau ne trouve donc pas en lui les matériaux pour la coquille de l'œuf ; il les prend au dehors avec sa nourriture. Parmi le grain qu'on lui jette, la poule trouve des parcelles de pierre qu'a laissées un nettoyage très imparfait ; elle les avale sans hésiter, reconnaissant fort bien pourtant que ce sont de petites pierres et non des grains de blé.

Cela ne lui suffit pas : toute la journée, on la voit gratter et becqueter dans la basse-cour. De temps en temps, elle déterre quelque vermisseau, sa grande friandise ; de temps en temps aussi, quelque fragment de pierre calcaire, dont elle fait son profit. C'est ainsi qu'en avalant de menus grains calcaires, la poule fait provision de matériaux pour la coque de son œuf.

Si ces matériaux venaient à lui manquer, si la nourriture qu'on lui donne ne renfermait pas de calcaire, si captive dans une cage, elle ne pouvait se procurer elle-même la pierre en becquetant le sol, elle pondrait des œufs sans coquille et simplement enveloppés d'une peau flasque.

Si nous regardons attentivement un œuf de poule, nous distinguerons sur la coque, principalement au gros bout, une multitude de très petits points enfoncés comme pourrait en faire la pointe d'une fine aiguille. A chacun de ces enfoncements correspond un trou invisible, qui perce la coquille de part en part et fait communiquer l'intérieur avec l'extérieur.

Ces trous, beaucoup trop étroits pour laisser se répandre au dehors le contenu liquide de l'œuf, suffisent néanmoins au passage soit des vapeurs humides qui s'exhalent hors de la coque, soit de l'air qui pénètre au dedans et remplace l'humidité disparue.

La présence de ces innombrables ouvertures est d'absolue nécessité pour l'éveil et l'entretien de la vie dans le futur poulet. Tout être vivant respire, toute vie naît et se continue par l'action de l'air. Il faut de l'air à la semence qui germe sous terre. Enfoncée trop profondément, elle dépérit sans pouvoir lever, parce que l'épaisse couche du sol empêche l'air d'arriver jusqu'à elle.

Il faut de l'air à l'œuf pour que sa substance, doucement chauffée par la mère, prenne vie et devienne petit poulet; sans discontinuer, il en faut à celui-ci, tout enfermé qu'il est dans sa coquille. Grâce aux ouvertures dont la coque est criblée, l'air pénètre à mesure que l'exigent les besoins de la respiration : il vivifie la matière de l'œuf et le petit être qui lentement se forme.

Cassons maintenant la coquille. Que trouvons-nous dessous ? Nous trouvons une peau souple, une fine membrane, qui de partout tapisse l'intérieur de la coque et forme une espèce de sac sans ouverture, que remplissent le blanc et le jaune. Lorsque accidentellement la couche calcaire fait défaut, cette membrane constitue à elle seule l'enveloppe de l'œuf, enveloppe molle comme le serait un mince parchemin mouillé.

Récemment pondu, un œuf a la capacité de sa coque exactement pleine; mais il tarde pas à perdre une partie de son humidité, qui s'exhale à travers les orifices de la coquille. Un vide se fait donc à l'intérieur, du côté du gros bout, où l'exhalaison est plus rapide.

Alors, en cette partie, la membrane se détache de la coque, qu'elle tapissait d'abord, et recule à l'intérieur, avec le contenu de l'œuf amoindri par l'évaporation. Il se produit de la sorte, au gros bout, une cavité que l'air du dehors vient occuper et qu'on appelle, pour ce motif, *chambre à air*.

Cette chambre, nulle au début, s'agrandit peu à peu à mesure que l'évaporation de l'humidité laisse plus d'espace libre; elle est par conséquent d'autant plus spacieuse que l'œuf est plus vieux. Si l'œuf est mis à couver, la chaleur de la mère active l'évaporation et fait rapidement apparaître la chambre à air.

Là s'amasse, comme dans un réservoir, la provision d'air nécessaire à la vitalité de l'œuf et à la respiration de l'oiseau naissant. L'espace vide du gros bout est donc un entrepôt respiratoire.

Lorsque nous mangeons un œuf cuit dans sa coque, cassons-le avec soin du côté du gros bout. Si l'œuf est très récent, sous la coquille se montrera immédiatement le blanc, sans intervalle vide; mais s'il est vieux, nous trouverons un creux inoccupé, plus ou moins grand: c'est là la chambre à air.

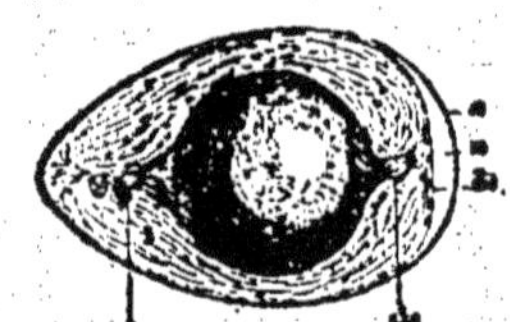

Fig. 98. — Structure de l'œuf.

Vient après la *glaire* ou le *blanc*. La glaire est distribuée en diverses couches qui, aux deux bouts de l'œuf, se tordent sur elles-mêmes et forment deux sortes de gros cordons noueux. Pour voir ces cordons, il faut casser avec précaution, dans une assiette, un œuf non cuit. On distingue alors, de chaque côté du jaune, une masse où la glaire est plus épaisse et comme noueuse. Ce sont là, affaissés et déformés par la rupture de l'œuf, les deux cordons en question.

Pour nous en faire une idée nette, prenons une orange, mettons-la dans un mouchoir, et tordons celui-ci en sens contraire par les deux bouts. L'orange renfermée dans l'enveloppe du mouchoir représente la boule du jaune entourée par la glaire; les deux extrémités tordues du mouchoir sont les deux cordons du blanc.

Au moyen de ces deux attaches, le jaune, partie la plus importante et la plus délicate de l'œuf, est suspendu, comme dans un hamac, au centre de la glaire, sans être exposé à des déplacements qui seraient dangereux pour le germe de vie placé en un point de sa surface.

Ce hamac glaireux, avec ses deux cordons suspenseurs, a un autre rôle d'une infinie délicatesse. Les premières ébauches du poulet naissant doivent apparaître en un point du jaune. Or, à mesure que ce petit être se forme et grandit, il lui faut plus d'espace tout en restant étroitement enfermé et maintenu en place, afin d'éviter le moindre trouble dans les chairs à demi fluides encore et commençant à prendre nature.

Comment ces conditions se réalisent-elles dans l'œuf? Pour le bien comprendre, revenons à l'orange enveloppée d'un mouchoir tordu aux deux bouts. Ne voyez-vous pas que si les extrémités du mouchoir se détordent un peu, l'orange, en supposant qu'elle exige petit à petit plus de place, trouvera toujours l'espace nécessaire sans cesser un instant d'être bien enveloppée et maintenue immobile?

De même les cordons suspenseurs du blanc se relâchent, se détordent graduellement, à mesure que le petit oiseau grossit, aux dépens du jaune, dans son douillet hamac de glaire; le large convenable se fait, et le débile oisillon n'en reste pas moins finement emmailloté et suspendu au centre de l'œuf, loin du dur contact de la coquille.

Le *jaune* est rond et d'une couleur qui lui a valu son nom. En un point de sa surface se voit une tache circulaire, d'un blanc pâle, où la matière est un peu plus condensée qu'ailleurs. On l'appelle *cicatricule*. C'est là le foyer où réside l'étincelle de vie qui, excitée par l'incubation, animera la matière de l'œuf et la façonnera en un être vivant; c'est le point de départ, l'origine, le *germe* de l'oiseau.

Le jaune lui-même est le réservoir nutritif où sont puisés les matériaux pour ce travail de création. Vivifié par la chaleur de la couveuse et par l'action de l'air, il se couvre d'un réseau de fines veines. Celles-ci se gonflent de la substance du jaune, qui s'y transforme en sang; et ce sang, amené d'ici, amené de là, devient les chairs de l'être qui se forme.

Le jaune est donc la première nourriture de l'oiseau, mais nourriture que ne saisit pas un bec et que ne digère pas un estomac n'existant pas encore. Il se change en sang et après en chair sans le travail préparatoire de l'habituelle digestion ; il imbibe directement les veines et nourrit ainsi tout le corps.

Les animaux à mamelles, les mammifères, ont aussi une nourriture du très jeune âge, le lait, indispensable au faible estomac des nourrissons. Eh bien, le jaune est pour l'oiseau dans sa coquille ce que le lait est pour l'agneau et pour les petits de la chatte ; c'est son laitage à lui, qui ne peut s'adresser à des mamelles maternelles. Le langage populaire a parfaitement saisi l'étroite ressemblance : on appelle *lait de poule* une boisson préparée avec le jaune d'un œuf.

CHAPITRE L

LES POUSSINS.

L'oiseau qui couve s'accroupit, se couche sur ses œufs, qu'il réchauffe de sa chaleur, pendant de longs jours, avec une patience infatigable. De là, pour désigner cet acte, le mot d'*incubation*, qui signifie *se coucher dessus*.

Qui n'a pas vu une poule couver ignore une des plus touchantes choses de ce monde : l'attachement de l'oiseau pour ses œufs, s'oubliant lui-même jusqu'au sacrifice de sa vie. Ses yeux étincellent de fièvre, sa peau est brûlante. Le manger et le boire sont oubliés, et telle poule, pour ne pas quitter ses œufs d'un instant, se laisserait mourir de faim sur la couvée, si l'on ne venait chaque jour la lever doucement de son nid et la faire manger. D'autres, moins persévérantes, descendent d'elles-mêmes du panier, prennent à la hâte un peu de nourriture et regagnent aussitôt le nid.

Il faut de vingt à vingt et un jours pour que les poussins sortent de la coquille. Pendant ce temps, nuit et jour, la mère reste accroupie sur les œufs, sauf les rares moments qu'elle accorde, comme à regret, au besoin de la nourriture. Sa seule distraction en ce profond recueillement, c'est de retourner les œufs toutes les vingt-quatre heures et de les changer de place : ceux du bord au centre, ceux du centre au bord, afin de leur communiquer à tous une part égale de chaleur.

Nous venons de voir que le germe de l'oiseau est une tache circulaire, d'un blanc pâle, la cicatricule, située à la surface du jaune. Au bout de cinq à six heures d'incubation, on distingue déjà, au centre de la cicatricule, un petit renflement glaireux qui sera la tête, et une ligne qui deviendra l'épine du dos.

Bientôt bat, par intervalles réguliers, l'organe le plus nécessaire à la vie, le cœur, qui chasse dans un réseau de fines artères le sang petit à petit formé avec la substance du jaune, et le distribue partout pour fournir des matériaux aux organes naissants. C'est vers le second jour qu'apparaissent, pour ne plus s'arrêter désormais qu'à la mort, les premiers battements du cœur.

Ainsi arrosé de chair coulante, car le sang n'est pas autre chose, le poussin fait de rapides progrès. Les yeux se montrent et forment de chaque côté de la tête une grosse tache noire; les canons des grosses plumes apparaissent dans leurs étuis; les écailles des pieds se dessinent en bleuâtre; les os, d'abord mous, se consolident en s'incrustant d'un peu de matière pierreuse.

Dès le dixième jour, toutes les parties du poussin sont bien formées. Le petit être, mollement suspendu dans son hamac au moyen de deux cordons suspenseurs qui se détordent peu à peu pour lui faire place à mesure qu'il grandit, est couché sur lui-même, la tête repliée contre la poitrine et cachée sous l'aile.

Remarquons que c'est précisément cette position du profond sommeil dans l'œuf que la poule prend quand elle veut dormir. Accroupie sur le perchoir, elle plie encore la tête sur la poitrine et la cache sous l'aile, comme elle le faisait à l'état de poussin dans sa coquille.

Cependant le petit oiseau grossit toujours, et un moment arrive où il crève la mince membrane située sous la coque. Le voilà plus à l'aise avec le surcroît d'espace que lui cède la chambre à air. Maintenant, pour une oreille attentive, de faibles pépiements s'entendent sous la coque; c'est le dix-septième ou le dix-huitième jour. Encore une paire de jours, et le poussin, réunissant ses forces, va se livrer à l'ardu travail de la délivrance.

Un durillon pointu, fait exprès, lui est né sur le haut du bec, tout au bout. Voilà l'outil, voilà la pioche pour ouvrir la prison, outil de circonstance, de très courte durée, qui doit disparaître une fois la coquille trouée.

Avec cette pioche provisoire, le poussin se met à cogner la coque; obstinément il pousse, il choque, il gratte, jusqu'à ce que la paroi de pierre cède. Pour les vigoureux, c'est l'affaire de quelques heures. La coquille brisée, apparaît la mignonne tête du poussin, toute veloutée d'un poil follet jaune, et moite encore de l'humidité de l'œuf. La mère vient en aide et achève la délivrance.

Dès la sortie de l'œuf, les poussins sont capables de becqueter la nourriture, de trottiner autour de leur mère, qui les conduit en gloussant. Ils ont en outre une douce fourrure de poils follets, qui les habille chaudement. Cette précocité n'appartient pas, il s'en faut de beaucoup, à tous les oiseaux. Les pigeons, par exemple, sortent de l'œuf tous nus et ne savent pas manger seuls ; il faut que la mère et le père les alimentent en leur dégorgeant de la nourriture.

La fauvette, le pinson, le chardonneret, la mésange, l'alouette, le moineau et presque tous les oiseaux des champs ont aussi leurs petits très faibles, nus, d'abord aveugles et complètement incapables de prendre eux-mêmes la nourriture, serait-elle sous le bec. Il faut que les parents, pendant de longs jours, avec une tendresse infinie, leur apportent et leur donnent la becquée.

Les petits poussins, au contraire, ramassent fort bien d'eux-mêmes à terre les graines et les vermisseaux que la poule trouve pour eux. Les petits du canard, de la dinde, de l'oie, et, parmi les oiseaux sauvages, de la perdrix et de la caille, ont la même précocité que ceux de poule. Ils sont vêtus de duvet en sortant de l'œuf et savent manger seuls.

Une des causes de cette différence dans la manière dont les jeunes oiseaux se comportent aussitôt après l'éclosion, provient de la grosseur de l'œuf. L'oiseau ne se forme qu'avec les matériaux contenus dans l'œuf; plus cet œuf est gros, toute proportion gardée relativement à la taille de l'animal, plus le jeune qui en provient est fort et développé.

Aussi les espèces qui ont des œufs volumineux sont vêtues au moment de l'éclosion ; elles peuvent courir et savent manger seules. Celles dont les œufs sont relativement de petite taille naissent faibles, nues, aveugles, et réclament longtemps, immobiles dans le nid, la becquée de la mère.

L'œuf le plus grand que l'on connaisse est celui d'un énorme oiseau qui vivait autrefois dans l'île de Madagascar, et dont la race paraît être aujourd'hui complètement détruite. Cet oiseau se nomme *Epiornis*. Il avait de trois à quatre mètres de hauteur, et rivalisait ainsi pour la taille avec un cheval très haut de jambes.

De semblables oiseaux devaient pondre des œufs monstrueux. Ils le sont en effet : leur longueur est de trois décimètres et demi, et leur capacité mesure près de neuf litres. Pour représenter l'œuf de l'épiornis, il faudrait 148 œufs de poule, douze douzaines et plus.

Des oiseaux qui vivent maintenant, le plus gros est l'*Autruche*, commune dans l'Afrique centrale. Pour faire

Fig. 99. — L'Autruche.

Fig. 100. — Chasse à l'Autruche.

en grosseur un œuf d'autruche, il faudrait à peu près deux douzaines d'œufs de poule. Il va sans dire que les petits de l'autruche savent courir et manger seuls quand ils sortent de la coquille.

Voilà les œufs les plus gros, voyons les plus petits. Ce sont ceux de l'oiseau-mouche, charmante créature des pays chauds, dont le splendide plumage ferait pâlir ce que les métaux de prix, les pierreries, les bijoux, ont de plus brillant. Il y en a d'aussi petits que nos fortes guêpes, et que certaines araignées prennent dans leurs filets comme les araignées de nos pays capturent les moucherons.

Leur nid est une coupe de coton grande comme la moitié d'un abricot. On peut juger par là des œufs. Il en faudrait 340 pour faire un œuf de poule, et 50.000 pour faire un œuf d'épiornis. Avec cette petitesse de l'œuf, les petits de l'oiseau-mouche naissent faibles, aveugles, nus et reçoivent la becquée de la mère.

CHAPITRE LI

LES NIDS.

Sans jamais l'avoir appris, sans jamais l'avoir vu faire à d'autres, les oiseaux construisent leurs nids, destinés à l'éducation de la famille. Il nous faut de longues années pour apprendre un métier; eux, du premier coup et sans apprentissage aucun, sont maîtres dans leur art difficile.

Ces architectes en nids ont les talents les plus variés. Il y a des fouisseurs, qui se pratiquent un creux dans le sable; des mineurs, qui excavent une cellule où conduit une longue et étroite galerie; des charpentiers, qui forent le tronc d'un arbre vermoulu; des maçons, qui bâtissent en mortier formé de terre gâchée avec de la salive; des vanniers, qui tissent des bûchettes, de fines racines, des pailles; des tailleurs, qui cousent d'un filament d'écorce, avec le bec pour aiguille, quelques feuilles ensemble pour loger au fond du cornet le matelas de la nichée; des ouvriers en feutre qui foulent duvet, bourre ou coton pour obtenir certaines étoffes rivalisant avec les nôtres; des constructeurs de forteresses, qui protègent leur nid avec un impénétrable amas de buissons.

Le *Chardonneret*, ce gracieux petit oiseau à tête rouge, qui porte le nom de la plante dont il affectionne les semences (le *chardon*), construit un nid des mieux travaillés dans l'enfourchure de quelque branche flexible.

L'intérieur se compose de mousse et de lichens feutrés avec la bourre des chardons et d'autres plantes dont les graines sont surmontées d'aigrettes soyeuses, comme les séneçons et les pissenlits; l'intérieur, artistement arrondi, est doublé d'une épaisse couchette de crins, de laine, de plumes. Les œufs, au nombre de cinq ou six, sont blancs et tiquetés de brun rougeâtre, principalement au gros bout.

Le *Pinson* construit son nid à peu près de la même manière; mais, plus soupçonneux que le chardonneret, il tapisse le dehors de sa demeure d'une couche de lichens grisâtres, qui, se confondant avec les autres lichens dont la branche est naturellement couverte, déroutent le regard du dénicheur.

Fig. 101. — Le Pinson.

L'*Hirondelle* construit son nid aux angles des fenêtres, sous le rebord des toits, sous les corniches des édifices. Ses matériaux sont la terre fine, principalement celle que les vers rejettent en petits monceaux, dans les prairies et les jardins, après l'avoir digérée. L'hirondelle l'apporte becquée par becquée, l'imbibe d'un peu de salive visqueuse pour en faire un mortier tenace, et la dispose par assises en une demi-boule accolée au mur et percée dans le haut d'une étroite ouverture. Des brins de paille enchâssés dans la bâtisse donnent plus de solidité à la maçonnerie de terre. Enfin l'intérieur est matelassé d'une grande quantité de fines plumes.

Une autre espèce d'hirondelle fréquente nos demeures, niche dans nos hangars et jusque dans nos habitations. Son nid, toujours en terre, est largement ouvert par le haut et a la forme d'une demi-coupe. On la nomme *Hirondelle de cheminée.* La précédente, dont le nid est rond et ouvert d'un simple trou, s'appelle *Hirondelle de fenêtre*.

Le *Loriot*, à peu près de la taille du merle, en entier d'un jaune superbe, moins les ailes qui sont noires, est un des plus beaux oiseaux de nos pays. Pour établir son nid, il choisit, sur un arbre élevé, une longue et flexible branche dont l'extrémité se termine en fourche horizontale. Entre les deux ramifications de cette fourche est tissé un hamac qui doit recevoir le nid.

Des lanières de fine écorce, rouies par un long séjour à l'air et à la pluie, et converties de la sorte en filasse, sont les matériaux pour cette œuvre d'art. Les fils, les cordons, vont d'une ramification à l'autre, les enlacent, se croisent, se recroisent, et forment ainsi une poche solidement fixée et suspendue. De larges feuilles de gramen desséchées en consolident les parois.

Dans ce hamac est construit ensuite le matelas, en forme de coupe ovalaire et composé de délicates pailles choisies parmi les plus fines. L'ouvrage terminé a quelque ressemblance avec ces élégantes petites corbeilles d'osier, rembourrées de laine, que nous donnons, pour nicher, aux serins en cage.

La *Mésange à longue queue*, ainsi nommée à cause du développement excessif de la queue, qui fait plus de la moitié de la longueur totale du corps, habite les bois pendant la belle saison, et ne vient que l'hiver dans nos jardins et nos vergers. C'est un petit oiseau rougeâtre sur le dos et blanc en dessous.

Le nid est tantôt placé dans l'enfourchure des hautes branches d'un arbuste, tantôt dans l'épais fourré d'un buisson; mais il est le plus souvent accolé au tronc d'un saule et d'un peuplier. Sa forme est celle d'un énorme cocon. Il a son entrée sur le côté, près du sommet.

La coque extérieure se compose de lichens conformes à ceux qui viennent sur l'arbre servant de support, afin de se confondre avec l'écorce et de tromper les regards des passants. Des filaments de laine en retiennent toutes les parties enchevêtrées entre elles. Le dôme, pour mieux résister à la pluie, est un feutre épais de mousse et de fils d'araignée.

Fig. 102. — La Mésange à longue queue et son nid.

L'intérieur ressemble à la cavité d'un four, dont le sol serait excavé en coupe et la voûte très élevée. Un lit très épais de plumes soyeuses forme l'ameublement du nid. Là reposent seize à vingt oisillons, rangés par ordre dans l'étroite conque, de la grandeur au plus du creux de la main. Par quel miracle de parcimonieux emménagement ces vingt petites créatures avec leur mère trouvent-elles place en ce logis? comment d'aussi longues queues peuvent-elles s'y développer?

Le nid de la *Mésange penduline* est encore plus remarquable. Cette mésange n'habite guère que les bords du cours inférieur du Rhône. Elle suspend très haut son nid à l'extrémité de quelque rameau flexible d'un arbre de la rive, de manière que sa famille est mollement bercée par la brise des eaux. C'est une sorte de bourse ovale, de la grosseur à peu près d'une bouteille, percée vers le haut et sur le flanc d'un étroit orifice qui se prolonge en un court goulot d'entrée où l'on peut au plus engager le doigt. Pour franchir ce passage, la mésange, toute petite qu'elle est, doit forcer la paroi élastique, qui cède un peu, puis se rétrécit.

Cette bourse est fabriquée avec la bourre cotonneuse qui s'échappe, en mai, des fruits mûrs des peupliers et des saules. La mésange assemble et consolide les flocons cotonneux par une trame de laine et de chanvre. Le tissu obtenu ressemble au feutre de quelque chapeau grossier.

Le *Troglodyte*, *Pétouse* de la Provence, *Robertot* des provinces de l'ouest, est aussi, lui, le nain de nos oiseaux, un maître consommé dans l'art de bâtir les nids. Vous connaissez tous le petit oiseau, bouffée de plumes couleur de bécasse, qui, l'aile pendante, le bec au vent, la queue relevée sur le croupion, toujours frétille, sautille et babille *tirit, tirit*. Il rôde chaque hiver autour de nos habitations; il circule dans les tas de fagots, il visite les trous des murs, il pénètre au plus épais des buissons. De loin, on le prendrait pour un petit rat.

Fig. 103. — Le Troglodyte.

Dans la belle saison, il habite les bois touffus. Là sous l'arcade de quelque grosse racine à fleur de terre, il construit un nid imité de celui de la penduline. Les matériaux sont des brins de mousse, pour que l'édifice se confonde d'aspect avec le support. Il les assemble et les feutre en une grosse boule, percée sur le côté d'une ouverture très étroite. L'intérieur est garni de plumes.

La *Pie* établit sa demeure au sommet d'un arbre élevé, observatoire d'où se voit venir de loin l'ennemi, et au centre d'un bouquet de ramifications servant d'appui à l'édifice. C'est un entrelacement de bûchettes avec plancher de terre gâchée. De fines racines, des gramens, quelques touffes de bourre, forment le matelas.

Jusque-là rien ne s'éloigne de l'architecture habituelle des nids, mais voici où la pie déploie un talent spécial. Tout le nid, dans le haut surtout, est enveloppé d'un épais rempart, d'une enceinte fortifiée composée de rameaux épineux solidement enchevêtrés. On dirait un informe fagot de brousailles. A travers ce rempart une ouverture est laissée, du côté le mieux défendu et juste suffisante pour laisser entrer et sortir la mère. C'est l'unique porte du château fort aérien.

Mais en voilà bien assez pour voir combien l'oiseau est habile et combien il sait varier les constructions de sa demeure. Enfants, ne touchez jamais aux nids. Tout dénicheur est un mauvais drôle : il détruit niaisement, dans l'œuf, de charmantes créatures, joie de nos champs ; il prive l'agriculture de vaillants auxiliaires qui défendent les biens de la terre en faisant une continuelle guerre à la vermine, aux insectes, ravageurs de nos récoltes. La loi punit ce sot et barbare vaurien ; la loi a mille fois raison.

CHAPITRE LII

OISEAUX UTILES A L'AGRICULTURE.

Le *Hibou*, le *Duc*, la *Chouette* et autres espèces pareilles sont des oiseaux de proie nocturnes. On les dit oiseaux de proie parce qu'ils vivent du produit de leurs chasses, consistant surtout en rats, souris, mulots et campagnols. Ils sont parmi les oiseaux ce que le chat est parmi les mammifères : des acharnés destructeurs de ce petit gibier à poil dont la souris est pour nous l'exemple le plus familier.

Le langage a consacré cette ressemblance de mœurs par l'expression de *chat-huant* appliquée à quelques-uns d'entre eux. Ce sont des chats pour la manière de vivre, des chats qui *huent*, c'est-à-dire jettent des cris pareils à de plaintifs hurlements. Ils sont nocturnes; en d'autres termes, ils se tiennent blottis le jour dans quelque obscure cachette, d'où ils ne sortent que le soir, pour chasser au crépuscule et aux clartés de la lune. Tous font la chasse dans les champs aux mulots et aux campagnols, redoutables destructeurs des récoltes; ils vont dans nos vieux greniers guetter le rat et la souris. Puisqu'ils nous viennent tant en aide, respectons-les donc au lieu de les clouer stupidement sur le portail de la ferme.

Fig. 104. — Le Hibou.

Fig. 105. — Le Campagnol.

Presque tous les petits oiseaux sont de vaillants écheniilleurs sans lesquels les biens de la terre seraient grandement en péril. Ne pouvant parler de tous, parlons au moins de quelques-uns.

Fig. 106. — Le Mulot.

Fig. 107. — La Souris.

Les *Mésanges* sont de petits oiseaux vifs et pétulants, toujours en action, qui voltigent sans cesse d'arbre en arbre, en visitent soigneusement les branches, se suspendent à l'extrémité des plus faibles rameaux, s'y maintiennent dans toutes les positions, souvent la tête en bas, et suivent le balancement de leur flexible support sans lâcher prise, sans discontinuer de visiter les bourgeons véreux, qu'ils ouvrent pour en extraire les vermisseaux et les œufs inclus.

On estime qu'une mésange consomme par an trois cent mille œufs d'insectes ; il est vrai qu'elle doit suffire aux besoins d'une famille comme on en trouve peu d'aussi nombreuses. Vingt oisillons et plus à nourrir à la fois, dans le même nid, ne sont pas une charge trop forte pour son activité. C'est alors qu'il faut en visiter des bourgeons et des gerçures d'écorce pour attraper araignées, chenilles, vermisseaux de toute espèce et donner la becquée à vingt becs toujours bâillant de faim au fond du nid.

La mère arrive avec une chenille; la nichée est en émoi, vingt becs s'ouvrent, un seul reçoit le morceau, dix-neuf attendent. La mésange repart infatigable, et quand le vingtième bec est repu, le premier depuis longtemps recommence à bâiller de faim. Que ne doit pas consommer en vermine un pareil ménage ! Que de corbeilles de fruits sauvés de la destruction !

Les *Pics* se nourrissent uniquement d'insectes et de larves, surtout des espèces qui vivent dans le bois. Pour les atteindre, il faut faire voler en pièces les écorces mortes et sonder le bois vermoulu. L'instrument employé à ce rude travail est le bec, qui est droit, en forme de coin, carré à la base et taillé à la pointe comme un instrument de charpentier.

Fig. 108. Le Pic.

Ce bec, d'une substance dure et solide, sort d'un crâne très épais que n'ébranlent pas les commotions du choc ; il est mis en mouvement par un cou robuste et raccourci, qui réitère le choc sans fatigue, dût l'oiseau creuser le bois jusqu'au cœur du tronc. L'excavation faite, le pic y darde une langue très longue, arrondie comme un ver, visqueuse, armée d'une pointe dure et barbelée dont il perce, dans leurs trous, les larves mises à découvert.

Le pic sait reconnaître, au son que rend le point frappé, si le bois est carié et nourrit des larves ; au son mat et plus sec, si l'emplacement ne mérite pas d'être exploité plus avant. Dans le premier cas, il fait voler le bois en copeaux, il déblaye à grands coups la vermoulure, et atteint dans son gîte reculé quelque ver dodu.

Dans le second cas, il frappe deux ou trois coups bien appliqués pour ébranler les écorces sèches et effrayer les insectes qu'elles abritent. Aussitôt la population déménage, qui d'ici, qui de là, vers le point opposé du tronc ; mais le pic, au courant de l'affaire, exécute un rapide demi-tour et se porte de l'autre côté pour gober les fuyards.

La vie des pics se passe donc à circuler autour des arbres pour ébranler du bec les vieilles écorces, abri des insectes, et pour sonder toutes les fissures avec leur langue pointue, s'allongeant comme un ver. Ces oiseaux inspectent surtout les arbres maladifs, taraudés par la vermine, et leur opèrent de salutaires sondages dans les points ulcérés.

Les *Hirondelles* et les *Martinets* se livrent à la grande chasse aérienne, poursuivant au vol, dans les plaines de l'air, moucherons, teignes, cousins, scarabées. Il leur faut un bec court mais très largement ouvert, qui happe sûrement les moucherons au passage, malgré les incertitudes d'un élan non toujours maîtrisé, un bec où la proie s'engouffre toute seule sans que l'oiseau ralentisse un instant son essor, enfin un bec visqueux à l'intérieur et tel qu'un petit papillon ne puisse l'effleurer de son aile sans rester pris à la glu.

Fig. 109. — L'Hirondelle et le Martinet.

Mais il leur faut avant tout des ailes infatigables, rapides, que ne lasse pas la fuite désespérée d'un gibier lancé à toute vitesse, que ne surprenne pas l'essor tortueux d'un moucheron aux abois. Bec démesurément fendu, ailes excessives, tel doit être en résumé l'oiseau des grandes chasses aériennes.

Ces conditions sont remplies au plus haut degré par l'hirondelle et le martinet. L'un et l'autre chassent les insectes volants, ils les poursuivent en des allées et des venues sans fin, croisées et recroisées de mille façons; ils les gobent dans leur large gosier visqueux et passent outre sans un instant d'arrêt.

Parlons un peu du *Moineau*. Il n'est pas sans défauts : il maraude dans les colombiers et les basses-cours; il moissonne avant nous dans les champs de céréales; il dévalise les cerisiers, il picore dans les jardins, il se rafraîchit avec les jeunes laitues et les premières feuilles des petits pois. Mais vienne la saison des œufs, et l'effronté pillard se convertit en un auxiliaire comme il y en a peu.

Vingt fois par heure au moins, le père et la mère, tour à tour, apportent la becquée aux petits, et chaque fois le menu se compose tantôt d'une chenille, tantôt d'un insecte assez gros pour exiger d'être partagé en quartiers, tantôt d'un ver dodu, d'une sauterelle ou d'autre gibier encore. En une semaine, la nichée consomme environ trois mille insectes, larves, chenilles, vermisseaux de toute espèce.

On a compté autour d'un seul nid de moineau les débris de sept cents hannetons, non compris les petits insectes vraiment innombrables. Voilà les victuailles qu'il a fallu pour élever une seule couvée. Paix donc, enfants, à tous les nids, paix à tous les petits oiseaux, qui nous délivrent du ravageur, l'insecte.

CHAPITRE LIII

LA COULEUVRE ET LA VIPÈRE.

La classe des vertébrés rampants ou *Reptiles* comprend les serpents, qui n'ont pas de pattes ; les lézards, qui marchent sur quatre pattes, mais si courtes que le ventre touche la terre ; les tortues, également douées de quatre courtes pattes, mais dont une partie des os, situés à la surface du corps et recouverts immédiatement par la peau, forme une robuste coque appelée *carapace*, dans laquelle l'animal peut se retirer en

Fig. 110. — La Tortue.

entier s'il se croit en danger. Parlons un peu des serpents, et surtout de ceux de nos pays, la *vipère* et la *couleuvre*.

Fig. 111. — La chasse au Crocodile.

Tous les serpents dardent entre leurs lèvres, avec une extrême vélocité, un filament noir, très flexible et fourchu. Pour beaucoup de personnes, c'est l'arme du reptile, le dard, comme l'on dit ; mais, en réalité, ce filament n'est autre chose que la langue, langue tout à fait inoffensive, dont la bête se sert pour happer les insectes dont elle se nourrit et pour exprimer à sa manière les passions qui l'agitent en la passant rapidement entre les lèvres. Tous les serpents, sans exception, en ont une ; mais dans nos contrées la vipère seule possède le terrible appareil à venin.

Fig. 112. — La Vipère.

Cet appareil se compose d'abord de deux crochets ou dents longues et aiguës placées à la mâchoire supérieure. Ces crochets sont mobiles. A la volonté de l'animal, ils se dressent pour l'attaque ou se couchent dans une rainure de la gencive, et s'y tiennent inoffensifs comme un stylet dans son fourreau. De la sorte, le reptile ne court pas le risque de se blesser lui-même. Ils sont creux et percés vers la pointe d'une fine ouverture par laquelle le venin se déverse dans la plaie.

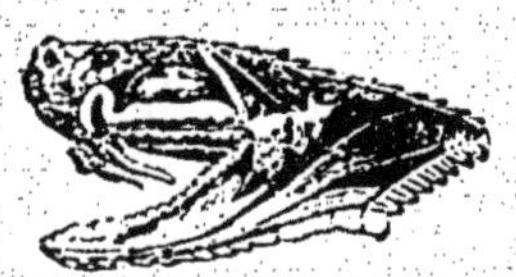

Fig. 113. — Appareil venimeux de la Vipère.

Enfin, à la base de chaque crochet se trouve une petite poche pleine de liquide venimeux. C'est une humeur d'innocent aspect, sans odeur, sans saveur; on dirait presque de l'eau. Quand la vipère frappe de ses crochets, la poche à venin chasse une goutte de son contenu dans le canal de la dent, et le terrible liquide s'infiltre dans la blessure.

La vipère habite de préférence les collines chaudes et rocailleuses; elle se tient sous les pierres et dans les fourrées de broussailles. Sa couleur est brune ou roussâtre. Elle a sur le dos une bande sombre en zig-zag, et sur chaque flanc une rangée de taches. Son ventre est d'un gris d'ardoise. Sa tête est un peu triangulaire, plus large que le cou, obtuse et comme tronquée en avant. La vipère est timide et peureuse, elle n'attaque l'homme que pour sa défense. Ses mouvements sont brusques, irréguliers, pesants.

Supposons que quelque imprudent vienne à troubler le redoutable reptile sommeillant au soleil. Soudain l'animal se déroule en cercles superposés, se débande avec la brusquerie d'un ressort, et, de sa gueule largement ouverte, vous frappe à la main. C'est l'affaire d'un clin d'œil. Avec la même rapidité, la vipère replie sa spirale et se retire, continuant à vous menacer de la tête placée au centre de l'enroulement.

Vous n'attendez pas une seconde attaque, vous fuyez; mais, hélas! le mal est fait. Sur la main blessée, deux petits points rouges se voient, presque insignifiants, vraies piqûres d'aiguille. Ce n'est pas bien alarmant;

vous vous rassurez si vous êtes dans l'ignorance des choses qu'il est si important de vous apprendre.

Innocuité trompeuse ! Voici que les points rouges s'entourent d'un cercle livide. Avec de sourdes douleurs, la main s'enfle, et, de proche en proche, le bras. Bientôt des sueurs froides et des nausées surviennent ; la respiration se fait pénible, la vue se trouble, l'intelligence s'obscurcit, une jaunisse générale se déclare, accompagnée de convulsions. Si l'on n'est pas secouru à temps, la mort peut arriver.

Tous les animaux venimeux agissent de la même manière. Avec une arme spéciale, aiguillon, croc, dard, lancette, placée tantôt en un point du corps, tantôt en un autre suivant l'espèce, ils font une légère blessure dans laquelle s'infiltre une goutte de venin. L'arme n'a d'autre effet que d'ouvrir une route au liquide venimeux et c'est celui-ci qui provoque les ravages. La guêpe et l'abeille ont leur dard venimeux situé au bout du ventre; le scorpion a le sien à l'extrémité de la queue.

Voyons en passant comment agissent les armes venimeuses de l'abeille et de la guêpe ; nous comprendrons mieux après comment agissent les crochets de la vipère. Quand on se pique légèrement avec une aiguille très fine, le mal est bien peu de chose et passe presque aussitôt. Eh! bien, cette piqûre d'aiguille, insignifiante par elle-même, peut donner lieu à de très vives douleurs si la petite plaie est empoisonnée avec du venin d'abeille ou de guêpe.

Supposez la pointe de cette aiguille trempée dans la poche à venin d'une guêpe; et de cette pointe ainsi humectée de liquide venimeux faisons-nous une légère piqûre. La douleur est maintenant de longue durée, et très forte, insupportable. C'est donc l'introduction du venin dans la blessure qui est cause de tout le mal.

Pour que le venin de n'importe quel animal agisse en nous, il faut qu'il soit mis en contact avec notre sang, par une blessure qui lui ouvre le chemin. Mais il ne produit absolument rien sur la peau, à moins qu'il n'y ait déjà une entaille, une simple égratignure qui lui permette de s'infiltrer dans les chairs et de se mélanger avec le sang. Le venin le plus terrible peut être manié sans péril aucun, si la peau ne présente pas d'écorchure.

Bien plus, on peut le mettre sur les lèvres, sur la langue, l'avaler même sans qu'il en résulte rien de fâcheux. Déposé sur les lèvres, le venin de la guêpe ne produit pas plus d'effet que l'eau claire; mais la douleur est atroce si le point touche à la moindre écorchure. Le venin de la vipère est tout aussi inoffensif tant qu'il ne peut se mélanger avec le sang.

Dieu vous garde, mes enfants, d'être jamais piqués par une vipère! Mais enfin, si ce malheur vous arrivait, vous saurez du moins ce qu'il convient de faire. Il faudrait serrer, lier même fortement le doigt, la main, le bras, au-dessus de la partie blessée pour entraver la diffusion du venin dans le sang; il faudrait faire saigner la plaie en exerçant des pressions tout autour; il faudrait la sucer énergiquement pour en extraire le liquide venimeux. Je viens de vous le dire : le venin n'agit pas sur la peau. La succion est donc sans danger aucun si la bouche n'a pas d'écorchure.

Il est visible que si, par une succion énergique et par une pression qui fait écouler le sang, on parvient à extraire tout le venin de la plaie, la blessure est désormais sans gravité. Le succès est mieux assuré si, avec la pointe d'un canif, on élargit un peu la petite plaie pour rendre l'extraction du venin plus facile. Tout cela doit se faire à l'instant même; plus on tarde, plus le mal s'aggrave. Avec un lambeau de son mouchoir, on pratique une solide ligature, on élargit un peu la plaie avec la pointe du canif, on presse tout autour, on suce, on crache, on suce encore.

Plus tard, le médecin, pour plus de sûreté, pourra cautériser la plaie avec un liquide corrosif, ou même avec une aiguille chauffée au rouge. Mais les précautions préliminaires sont notre affaire personnelle, et nous ne devons pas les différer d'un instant. Quand ces précautions sont prises assez tôt, il est rare que la piqûre d'une vipère ait des conséquences fâcheuses.

Les autres serpents de nos pays portent le nom général de *Couleuvres*. Aucun d'eux n'est venimeux, aucun n'a les crochets à venin de la vipère. Leurs dents sont égales, fines, sans force, bonnes pour retenir la proie saisie, mais insuffisantes pour produire une sérieuse blessure. Ces animaux sont d'ailleurs très craintifs ; à la moindre alerte, ils se hâtent de fuir.

Si la retraite leur est impossible, ils font bonne contenance pour en imposer à l'ennemi ; ils se roulent en spirale, dressent la tête, la balancent, soufflent et cherchent à mordre. Il n'y a pas lieu de s'effrayer de ces menaces ; une égratignure sans gravité, pareille à quelques légers coups d'épingle, c'est tout ce qui peut nous arriver de pire. En mettant la main dans un buisson, on est blessé plus grièvement par les épines.

Les enfants croient faire œuvre méritoire en lapidant la couleuvre trouvée dans un trou de mur ; le passant l'assomme de son bâton, s'il la rencontre traversant la route ; le faucheur, au milieu des herbes, lui tranche la tête d'un coup de faux. S'ils n'écoutaient pas une folle frayeur, une aversion non raisonnée, ils laisseraient la bête en paix et les choses n'en iraient pas plus mal, car les couleuvres, non seulement sont inoffensives, mais encore nous rendent d'excellents services en détruisant, pour s'en nourrir, une foule d'insectes et de petit dévastateurs tels que les rats des champs.

Fig. 114. — La Couleuvre à collier.

La plus élégante pour la coloration est la *Couleuvre à collier*, ainsi nommée à cause d'une tache d'un jaune pâle ou blanchâtre qui lui forme un demi-collier derrière la nuque. Le dessus du corps est d'un gris cendré, marqueté de chaque côté de taches noires irrégulières ; le dessous est varié de noir, de blanc et de bleuâtre. Cette couleuvre se plaît dans les lieux humides.

CHAPITRE LIV

LA GRENOUILLE ET LE CRAPAUD.

De même que le papillon est d'abord une chenille et le hanneton un gros ver pansu, chenille et ver si différents de forme, de structure, de manière de vivre avec le papillon et le hanneton, de même la grenouille et le crapaud débutent par être *têtards*, qui n'ont rien de la structure et des mœurs finales.

Têtard ou grosse tête,

Fig. 115. — Chenille du papillon du chou et sa chrysalide.

Fig. 116. — Papillon du chou.

voilà bien le mot convenable pour désigner l'état passager de la grenouille et du crapaud. Une tête volumineuse, confondue avec le ventre rebondi que termine brusquement une queue plate, telle est la bête en ses débuts, au sortir de l'œuf. Aucun membre, aucun organe de mouvement, si ce n'est la queue, qui fouette l'eau pour avancer.

Les têtards du crapaud sont petits et tout noirs; ceux de la grenouille sont beaucoup plus gros, argentés sous le ventre, grisâtres sur le dos. Tous habitent les eaux dormantes, les mares chauffées par le soleil. A ceux du crapaud, il faut des flaques peu profondes, des ornières avec quelques pouces d'eau pluviale, où ils puissent venir, en noires rangées, s'étendre à plat ventre sur la tiède vase des bords; à ceux des grenouilles il faut de préférence des mares spacieuses, fournies d'une végétation touffue, et propice aux grands plongeons.

Fig. 117. — Têtards du Crapaud.

Ils respirent l'air dissous dans l'eau comme le font les poissons; et comme eux encore, ils périssent s'ils restent un peu de temps exposés hors de l'eau. Sous le rapport de la respiration, ce sont alors de vrais poissons. Mais parvenus à leur forme dernière, ils respirent l'air atmosphérique et périssent suffoqués dans l'eau. Ils ont alors la respiration des animaux aériens.

Vous avez vu très souvent des grenouilles et des crapauds dans l'eau, et vous vous figurez sans doute qu'ils peuvent y vivre indéfiniment. Détrompez-vous : ils ne vont à l'eau que pour déposer leurs œufs, pour se soustraire à un danger, pour prendre un bain en temps des fortes chaleurs ; mais ils ne sauraient y séjourner longtemps sans périr. Il faut qu'ils viennent par intervalles humer l'air à la surface, respirer, en mettant dehors au moins l'orifice des narines. S'ils sont de force maintenus sous l'eau, ils périssent.

Relativement aux fonctions fondamentales de la vie, voilà une première différence bien profonde entre le têtard et le batracien adulte, entre l'animal tel qu'il sort de l'œuf, et l'animal parfait : le têtard vit dans l'eau et périt dans l'air ; la grenouille, qui en provient, vit dans l'air et périt dans l'eau.

Il y a plus. Le têtard se nourrit exclusivement de matières végétales ; il a la bouche armée d'une sorte de petit bec de corne pour brouter les feuilles aquatiques ; il a dans son gros ventre un intestin très long, enroulé plusieurs fois sur lui-même, pour prolonger le séjour de la maigre nourriture dans la panse et en extraire les sucs avares.

Le batracien adulte échange ce bec de corne pour de véritables mâchoires, armées de rugosités faisant office de dents ; il se nourrit uniquement de matières animales, d'insectes surtout ; il a l'intestin court parce que les substances dont il s'alimente sont de digestion aisée, et cèdent facilement ce qu'elles contiennent de nutritif.

Pour faire du têtard grenouille ou crapaud, la *métamorphose* (ainsi s'appelle le changement de forme d'un animal) ne se borne pas à changer de fond en comble les organes qui respirent et ceux qui digèrent. D'autres organes naissent, dont l'animal, sortant de l'œuf, n'avait pas le moindre vestige ; d'autres disparaissent sans laisser de trace.

Le têtard naît absolument sans pattes. Au bout de quelque temps, les pattes postérieures lui poussent, plus tard viennent les pattes antérieures ; plus tard encore la queue disparaît. Mais alors le têtard est devenu petit crapaud ou petite grenouille, sautillant au bord de la mare natale.

Les grenouilles ont des formes élancées et qui ne manquent pas d'une certaine élégance. Leurs pattes postérieures sont très longues et fortes, éminemment propres au bond, principal mode de progression de ces animaux. Ramassée sur elle-même, la grenouille se détend à la façon d'un ressort, et se projette en avant par un vigoureux élan des cuisses.

Les doigts de derrière sont largement palmés, c'est-à-dire réunis par une membrane comme le sont les doigts des oiseaux nageurs, du canard en particulier. Cette disposition des doigts en palette ou rame à grande surface et d'autre part la souplesse des membres postérieurs, qui se rassemblent contre les flancs, puis s'allongent en choquant l'eau, font de la grenouille un habile nageur.

Fig. 118. — La Grenouille.

Les *Rainettes* diffèrent des grenouilles par les pelotes visqueuses qui terminent leurs doigts et leur permettent de grimper sur les arbres, où elles font une chasse assidue aux insectes. Elles se tiennent toute la belle saison dans la feuillée et ne vont à l'eau que pour pondre. Leur voix, renforcée par une poche qui se gonfle sous la gorge, est très rauque et volumineuse. La rainette de nos pays est d'un beau vert tendre en dessus et d'un blanc jaunâtre en dessous.

Que vous dirais-je du *Crapaud*? Il est laid. Son corps mollasse est un amas comme pétri au hasard; son dos aplati, sale de couleur, est parsemé de verrues livides. Il est laid. Les pattes trop courtes ne peuvent soulever au-dessus de la vase son ventre boursouflé, qui traîne honteusement.

Fig. 119. — Le Crapaud.

Il est laid. Sa large tête se fend en une gueule hideuse; des paupières gonflées surmontent de gros yeux saillants, qui révoltent par leur bestiale fixité. Il est laid. Si quelque danger le menace, il se gonfle et se fait sous la peau un matelas d'air, qui résiste aux coups par sa flasque élasticité.

Voilà probablement, mes amis, les idées que vous vous faites du crapaud. Toutes vos appréciations se résument en ceci : il est laid. — Laid tant que vous le voudrez; mais toujours est-il que le crapaud se recommande à notre attention par de sérieux mérites. C'est un auxilliaire de grande valeur, un glouton mangeur de cloportes, de limaces, de scarabées, de larves et de toute vermine.

Fig. 120. Le Cloporte.

Discrètement retiré le jour sous la fraîcheur d'une pierre, dans quelque trou obscur, il quitte sa retraite à la tombée de la nuit pour s'en aller faire sa ronde en se traînant, cahin-caha, sur son gros ventre. Voici une limace qui se hâte vers les laitues, voici une courtilière qui bruit sur le seuil de son terrier, voici un hanneton qui met ses œufs en terre. Le crapaud vient tout doucement, il ouvre sa gueule semblable à l'entrée d'un four, et en trois bouchées les engloutit tous les trois avec un claquement de gosier, signe de satisfaction. Ah! que c'est bon, que c'est donc bon! A d'autres! s'il y en a.

Fig. 121. — La Limace.

La ronde continue. Quand elle est finie, au petit jour, je vous laisse à penser ce que doit contenir en vermine de toute sorte le spacieux ventre du glouton. Et l'on détruit la précieuse bête, on la tue à coups de pierre sous prétexte de laideur! — Enfants, vous ne commettrez jamais pareille cruauté, sottement nuisible; vous ne lapiderez pas le crapaud, car vous priveriez les champs d'un vigilant gardien. Laissez-le faire en paix son métier; il détruira tant d'insectes et de vers, que vous finirez par le trouver moins laid.

CHAPITRE LV

LES POISSONS.

Tous les animaux ont besoin d'air pour vivre, tous respirent, même ceux qui vivent continuellement dans l'eau, les poissons par exemple. L'eau ordinaire, l'eau courante surtout, contient un peu d'air dissous. Il suffit de la chauffer pour voir cet air se dégager en petites bulles, même avant que l'ébullition se fasse. Cet air dissous est précisément ce que respirent les poissons et autres animaux aquatiques.

Considérez un poisson dans l'eau : vous lui verrez faire de continuels mouvements de bouche, comme pour avaler. C'est sa manière de respirer. L'eau qui pénètre dans la bouche sort immédiatement après par deux

Fig. 122. — Le Hareng.

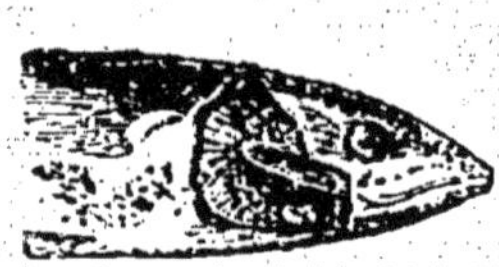

Fig. 123. — Tête de Hareng dont un opercule est enlevé pour montrer les branchies.

larges ouvertures situées de chaque côté de la tête et recouvertes par une ample lame osseuse, par une sorte de couvercle ou *opercule*, qui s'ouvre légèrement, puis se referme tour à tour.

Ces ouvertures se nomment *ouïes*, parce qu'elles occupent à peu près la place des oreilles ou organes de l'ouïe chez les autres animaux vertébrés; mais malgré leur dénomination, elles n'ont rien de commun avec les oreilles véritables : ce n'est pas du tout par là que le poisson entend.

Soulevons le couvercle. Nous verrons en dessous quatre pièces superposées et composées chacune de lamelles très fines, d'un beau rouge, rangées à côté les unes des autres comme les dents d'un peigne. Ces pièces-là se nomment *branchies*. Elles sont pour le poisson ce que les poumons sont pour l'homme, et pour les divers animaux dont les organes de la respiration se rapprochent le plus des nôtres.

Si le poisson continuellement avale par petites gorgées, c'est pour maintenir sans cesse autour des branchies un courant d'eau pure, qui apporte avec elle de l'air respirable. S'il n'y avait pas d'air dissous dans l'eau, le poisson périrait, de même que périt un oiseau ou tout autre animal privé d'air respirable. L'expérience en est facile à faire, et je vous conseille de ne pas la négliger à la première occasion.

Chauffons de l'eau jusqu'à la faire bouillir. L'air dissous s'en ira, chassé par la chaleur. Une fois l'air parti, laissons l'eau se refroidir et reprendre sa première température. Plongeons-y alors un petit poisson vivant. En peu d'instants, quelques chocs désordonnés de la queue dénoteront l'agonie; le poisson viendra flotter à la surface, le ventre en l'air; il sera mort ne trouvant pas à respirer.

Pour se mouvoir, les poissons ont des *nageoires*, espèces de larges rames formées de fines baguettes osseuses qu'une membrane relie. Derrière chaque ouïe, il y en a une. Cette paire de nageoires représente les membres antérieurs des autres animaux vertébrés et prend le nom de *nageoires pectorales*. Une seconde paire, située sous le ventre, plus ou moins en arrière, représente les membres postérieurs et porte le nom de *nageoires ventrales*. En outre il y a des nageoires, mais seules et non disposées par paires, sur le dos, à la naissance et au bout de la queue.

Celle du bout de la queue, ou *nageoire caudale*, est la plus forte de toutes. Des chocs rapides, distribués à droite et à gauche par la nageoire caudale, font progresser le poisson comme progresse une barque manœuvrée à l'arrière par un seul aviron. Les autres ont pour principal usage de maintenir le poisson en équilibre dans l'eau, de l'empêcher de chavirer.

Il y a des poissons d'eau douce qui vivent en prospérité dans les ruisseaux, les rivières, les fleuves, les lacs, et rapidement périraient dans les eaux salées de la

Fig. 124. — La Carpe.

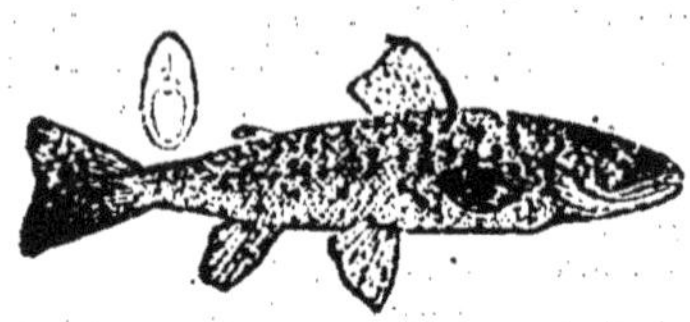

Fig. 125. — La Truite.

mer. De ce nombre sont le goujon, la carpe, la truite, le brochet, la tanche. D'autres, au contraire, vivent dans la mer et ne peuvent le faire dans les eaux douces. Parmi

Fig. 126. — Le Brochet.

Fig. 127. — La Morue.

ces derniers se trouvent l'anchois, la sardine, la morue, d'un si grand emploi, à l'état salé, pour notre nourriture. Disons quelques mots de la plus importante de ces salaisons, la morue.

Au sein des mers, la morue est un superbe poisson. Pour la conserver et en faire provision de longue durée, les pêcheurs lui enlèvent la tête, de trop per de valeur à cause des os; puis ils fendent le corps tout le long du ventre, rejettent les entrailles, et étalent les deux moitiés charnues, dont l'ensemble forme une plaque large d'un bout et amincie de l'autre. Enfin ils salent fortement leur pêche et la dessèchent au soleil. La morue nous arrive donc toute déformée et presque méconnaissable.

C'est néanmoins un poisson de toute beauté. Le dos et les flancs sont d'un gris bleuâtre, avec de nombreuses mouchetures d'un rouge doré, semblables à celles dont la truite est ornée dans nos ruisseaux d'eau vive. Le ventre est d'un blanc d'argent. De la mâchoire inférieure pend un barbillon en forme de ver.

La bouche est armée d'une multitude de dents fines et pointues, qui hérissent non seulement les mâchoires, mais aussi les chairs jusque tout au fond du gosier. Aussi la morue est-elle des plus voraces, toujours en quête de nourriture, insatiable dans son appétit. Elle se nourrit d'autres poissons, plus faibles qu'elle. C'est le plus redoutable ennemi du menu fretin, dont elle fait consommation énorme.

A certaines époques de l'année, les morues s'assemblent en troupes innombrables et accomplissent de longs voyages pour déposer leurs œufs aux lieux propices. L'un des rendez-vous favoris de ces bandes de morues est le voisinage de Terre-Neuve, grande île des mers qui baignent les côtes orientales de l'Amérique du nord. Là se rendent, dans la belle saison, attirées par une abondante pâture, des millions et des millions de morues; là se rendent aussi des pêcheurs de toutes les nations.

Ce n'est plus ici la mesquine pêche que nous voyons pratiquer au bord de nos rivières; on n'attend pas des heures, sous l'ombrage d'un saule, qu'un mauvais carpillon vienne mordre l'hameçon amorcé d'un ver, trop heureux encore quand on s'en revient avec une douzaine de menus poissons couchés sur un lit de jonc au fond d'un panier. La pêche à Terre-Neuve est autrement rapide et fructueuse. Il y a là des flottes entières et des armées de pêcheurs.

Dès la pointe du jour, les canots quittent le navire et vont prendre place, qui d'un côté, qui de l'autre, aux endroits favorables. De droite et de gauche de l'embarcation pendent des lignes, solides cordons de chanvre dont l'extrémité porte un croc de fer ou hameçon, recouvert d'un appât, consistant soit en un petit poisson, soit en un lambeau d'entrailles des morues prises la veille. Les voraces morues accourent à la vue de ces victuailles, et gloutonnement, en une fois, avalent tout, croc et appât. Le pêcheur retire à lui le cordon, et la capture suit, le gosier transpercé par l'hameçon.

A peine la ligne, de nouveau amorcée, est-elle rejetée à l'eau, qu'une autre morue est prise. Des deux côtés de l'embarcation, chaque homme surveille ses lignes et ne discontinue pas de renouveler l'appât, de lancer son cordon en mer et de le retirer avec une morue au bout. Le soir venu, le canot est plein jusqu'aux bords de grands et beaux poissons ayant en moyenne un poids de 7 à 8 kilogrammes.

Remplies jusqu'à couler, les embarcations regagnent leurs navires respectifs. Là se fait la préparation des poissons. Avec un large coutelas, un pêcheur tranche la tête; un autre fend en long, suivant la ligne du ventre, les morues décapitées; un troisième extrait les entrailles, en ayant soin de mettre à part le foie; un quatrième les aplatit; un cinquième les frotte abondamment de sel et les empile.

Des foies recueillis on remplit un tonneau qu'on laisse exposé à l'air. Bientôt la pourriture gagne la masse, et il surnage une graisse liquide que l'on nomme *huile de foie de morue*. Cette huile est soigneusement recueillie, car elle est d'un grand secours en médecine.

CHAPITRE LVI

LA FLEUR. — CALICE ET COROLLE.

Voici la fleur de la *Nielle des blés*, commune dans les moissons avec le *Bleuet* et le *Coquelicot*. Au dehors sont cinq pièces de couleur verte et de consistance ferme, qui, soudées entre elles inférieurement, se terminent à la partie supérieure en lanières longues et pointues. Chacune de ces pièces se nomme *sépale*, et leur ensemble forme ce qu'on nomme le *calice*.

Fig. 128. — Nielle des blés.

Au dedans de la fleur se trouvent cinq autres pièces, minces, larges et de couleur rougeâtre. Chacune d'elles porte le nom de *pétale*, et leur ensemble celui de *corolle*.

La plupart des fleurs ont deux enveloppes analogues, contenues l'une dans l'autre. L'extérieure, ou le calice, est presque toujours de couleur verte et de structure assez ferme; l'intérieure, ou la corolle, de consistance bien plus délicate, est embellie de ces magnifiques teintes qui nous plaisent tant dans les fleurs.

Les sépales du calice et les pétales de la corolle sont séparés l'un de l'autre dans certaines fleurs, et soudés entre eux par les bords dans certaines autres. Dans la Nielle, les sépales s'unissent inférieurement en un fourreau commun, tout hérissé de cils, que l'on prendrait pour une pièce unique; mais dans leur partie supérieure, ils se séparent en cinq lanières pointues, montrant que le calice est en réalité composé de cinq pièces.

Quant à la corolle de la Nielle, on y reconnait cinq

pièces, cinq pétales distincts l'un de l'autre, sans aucune soudure.

Au contraire, dans la fleur de la *Campanule*, les cinq pétales dont la corolle se compose sont unis par les bords et forment ensemble une belle cloche bleue, qui semble formée d'une seule pièce. Les cinq larges dents qui bordent l'ouverture de la cloche montrent néanmoins que la corolle est réellement composée de cinq pétales, dont ces dents sont les terminaisons.

Fig. 129. — Campanule.

Ainsi, lorsque les pièces du calice ou de la corolle s'unissent par les bords et semblent former un tout indivisible, il suffit de reconnaître les échancrures, les dents, les festons que présente l'entrée soit du calice soit de la corolle, pour savoir le nombre réel de sépales ou de pétales soudés entre eux.

Le calice et la corolle sont le vêtement de la fleur, vêtement double où se trouvent à la fois la solide étoffe qui garantit des intempéries, et le tissu fin qui charme les regards. Le calice, vêtement extérieur, est de forme simple, de coloration modeste, de structure robuste, comme il convient pour résister au mauvais temps. C'est à lui que revient de protéger la fleur non épanouie, de la défendre du soleil, du froid, de l'humidité.

Examinez un bouton de rose, voyez avec quelle précision minutieuse les cinq sépales du calice se rejoignent pour recouvrir le reste. La moindre goutte d'eau ne pourrait pénétrer à l'intérieur, tant leurs bords sont soigneusement assemblés. Il y a des fleurs qui, tous les soirs, ferment leur calice et s'y replient pour se garantir de la fraîcheur.

La corolle, ou vêtement intérieur, à la finesse du tissu

unit l'élégance de la forme et la richesse de la teinte. C'est elle surtout qui captive les regards, à tel point que d'habitude nous la considérons comme la chose principale de la fleur, tandis qu'elle n'est qu'un accessoire ornemental.

Des deux enveloppes, la plus nécessaire est le calice. Beaucoup de fleurs n'ont pas de corolle, mais elles ont un calice, qui, dans sa plus grande simplicité, se réduit à une toute petite feuille en forme d'écaille. Les fleurs sans corolle restent inaperçues, et les végétaux qui les portent nous paraissent ne pas fleurir. C'est une erreur : tous les arbres, toutes les plantes fleurissent.

Même le saule, le chêne, le peuplier, le pin, le hêtre, le blé, et tant d'autres, dont sans doute vous n'avez jamais vu les fleurs, mes enfants. Ils fleurissent, tous tant qu'ils sont. Leurs fleurs sont extrêmement nombreuses; mais comme elles sont fort petites et dépourvues de corolle, elles échappent au regard inattentif. Il n'y a pas d'exception : toute plante a ses fleurs.

CHAPITRE LVII

LA FLEUR. — ÉTAMINES ET PISTIL.

Nous ne connaissons encore de la fleur que les parties les moins importantes, le calice et la corolle. Qu'y a-t-il sous ces enveloppes? Examinons ensemble une fleur de *Lis*, qui, par son ampleur, se prête facilement à l'étude.

Elle n'a pas de calice, mais elle possède une superbe corolle, formée de six pièces, de six pétales plus blancs que l'ivoire, gracieusement courbés en dehors, et disposés sur deux rangées de trois. J'enlève les six pétales. Ce qui reste maintenant est l'essentiel, c'est-à-dire la chose sans laquelle la fleur ne remplirait pas son rôle, qui est de donner un fruit. Passons avec soin ce reste en revue. Cela en vaut la peine, vous allez voir.

Il y a d'abord six petites baguettes blanches, surmontées chacune d'un petit sac plein d'une fine poudre jaune. Ces six pièces se nomment *étamines*. On en trouve dans toutes les fleurs, tantôt plus, tantôt moins; pour sa part, le lis en a six distribuées en deux rangées de trois.

A B

Fig. 130. — Fleur de Lis.

A, étamines et pistil. B, pistil seul.

Le sachet qui surmonte l'étamine se nomme *anthère*. La poussière jaune contenue dans l'anthère s'appelle *pollen*. C'est elle qui nous barbouille le nez de jaune quand nous flairons un lis.

J'enlève les six étamines. Il reste un corps central, renflé en bas, rétréci dans le haut en un long filament et surmonté d'une espèce de tête humectée d'une humeur visqueuse. En son ensemble, ce corps central prend le nom de *pistil*; son renflement d'en bas s'appelle *ovaire*, le filament qui le surmonte prend le nom de *style*, et la tête visqueuse qui termine ce filament se nomme *stigmate*.

Voilà bien des noms pour de petites choses, noms que jamais, sans doute, vous n'aviez encore entendu prononcer; mais ces petites choses ont une importance sans égale; sans le merveilleux travail de ces petites choses, nous péririons de faim.

Fig. 131. — Section de l'ovaire du Lis.

Avec le canif, je coupe l'ovaire en travers. Dans trois compartiments rangés en rond, dans trois *loges*, se voient de petits grains blancs; ce sont les futures graines de la plante. L'ovaire est donc la partie de la fleur où se forment les semences. A un certain moment, la fleur se flétrit, les pétales se fanent et tombent; le calice en fait autant, ou quelquefois reste et continue son rôle protecteur; les étamines desséchées se détachent, seul l'ovaire reste, grossissant, mûrissant et devenant le fruit.

Tout fruit, poire, pomme, abricot, pêche, noix, cerise, melon, raisin, amande, châtaigne, a débuté par être un petit renflement du pistil; toutes ces choses excellentes que la plante nous fournit pour nourriture ont été d'abord des ovaires.

La poire a commencé par être l'ovaire de la fleur du poirier; l'abricot, la cerise, la pêche, étaient en débutant les ovaires de leurs fleurs respectives. Voulez-vous voir l'abricot dans sa fleur? Le voici :

Fig. 132. — Section d'une fleur d'Abricotier.

Au centre de la fleur, vous voyez le pistil, qu'entourent de nombreuses étamines. La tête qui le termine en haut est le stigmate; le renflement qui le termine en bas est l'ovaire, c'est-à-dire le futur abricot. Cette petite chose verte aurait fait un abricot, plein de jus sucré, comme vous les aimez tant. Une pareille petite chose verte aurait fait la grosse poire fondante, la pomme parfumée, l'énorme citrouille.

Examinons encore l'ovaire du blé, ce précieux ovaire qui nous fait le pain. Voici, détachée de son épi, une fleur du froment. Deux pauvres écailles lui servent de calice et de corolle. Aisément vous reconnaissez trois étamines pendantes, avec leur anthère à double sachet plein de pollen. Le corps principal de la fleur est l'ovaire ventru qui, mûr, serait devenu un grain de blé. Il est surmonté du stigmate façonné en double plumet d'une exquise élégance. Telle est la petite et modeste fleur d'où nous vient le grain, puis la farine, et finalement le pain.

Fig. 133. Fleur du Blé.

Quelle que soit la plante, en peu de jours, en quelques heures même, la fleur se flétrit. Les pétales, les étamines, et souvent le calice se fanent et meurent. Une seule chose survit : l'ovaire, qui va devenir le fruit. Or, pour survivre aux diverses parties de la fleur et persister sur le rameau quand tout le reste se détache et tombe, l'ovaire, au moment où la floraison est dans sa pleine vigueur, reçoit un supplément de forces, on pourrait presque dire une nouvelle vie. Les magnificences de la corolle, ses somptueuses colorations, ses parfums servent à célébrer l'instant solennel où s'éveille dans l'ovaire la nouvelle vitalité. Ce grand acte accompli, la fleur a fait son temps.

Eh bien, c'est la poussière des étamines, c'est le pollen qui donne ce surcroît d'énergie, sans lequel les graines naissantes périraient dans l'ovaire lui-même flétri. Il arrive des étamines sur le stigmate, toujours enduit d'une viscosité apte à le retenir : et du stigmate, il fait ressentir son action sur l'ovaire. Animées alors d'une nouvelle vie, les graines naissantes, ou les *ovules*, comme on les appelle, prennent un rapide développement, tandis que l'ovaire se gonfle pour leur fournir la place nécessaire. Le résultat final de cet incompréhensible travail, c'est le fruit avec son contenu de semences propres à germer et à produire de nouvelles plantes.

Fig. 134. — Liseron.

Le plus souvent le pollen est jaune et semblable à une fine poussière de soufre. Il est blanc dans le *Liseron* et la *Mauve;* violacé dans le *Coquelicot*. Le pollen arrive sur le stigmate de diverses manières. Assez souvent, il tombe tout simplement des anthères et parvient ainsi au stigmate de la même fleur situé un peu plus bas; d'autres fois, le vent secouant la fleur dépose la poussière des étamines sur le stigmate, ou même le transporte à de grandes distances au profit d'autres ovaires, mais appartenant à la même espèce de plante, car le pollen d'un végétal n'a d'action que sur un végétal pareil, et ne produit absolument rien sur les autres.

Il y a des fleurs, celles de la *Rue*, par exemple, dont les étamines s'animent, en quelque sorte, pour remplir leur mission. A tour de rôle, elles se recourbent et viennent appliquer leur anthère sur le stigmate pour y déposer leur pollen; puis lentement elles se relèvent et font place à une autre. Ces salutations terminées, le rôle des étamines est fini. La fleur se fane, mais l'ovaire se met à mûrir ses graines.

Les insectes sont les auxiliaires de la fleur. Mouches, guêpes, abeilles, bourdons, scarabées, papillons, tous, à qui mieux mieux, lui viennent en aide pour transporter le pollen des anthères sur les stigmates. Ils plongent dans la fleur, affriandés par une goutte mielleuse préparée au fond de la corolle. Dans leurs efforts pour l'atteindre, ils secouent les étamines et se barbouillent de pollen, qu'ils transportent d'une fleur à l'autre.

Qui n'a vu les bourdons sortir enfarinés du sein des fleurs? Leur ventre velu, poudré de pollen, n'a qu'à toucher un stigmate en passant pour lui communiquer la vie. Quand au printemps, sur un poirier en fleur, tout un essaim de mouches, d'abeilles et de papillons s'empresse, bourdonnant et voletant, c'est triple fête, mes amis : fête pour l'insecte, qui butine au fond des fleurs ; fête pour l'arbre, dont les ovaires sont vivifiés par tout ce petit peuple en liesse ; fête pour l'homme, à qui récolte abondante est promise.

L'insecte est le distributeur par excellence du pollen ; toutes les fleurs qu'il visite reçoivent leur part de poussière vivifiante. Pour l'attirer, la fleur possède, au fond de sa corolle, une goutte de liqueur sucrée appelée *nectar*. Déchirez en deux une fleur de *Narcisse*, de *Primevère*, de *Chèvrefeuille*, et passez le bout de la langue au fond de la corolle ouverte; vous sentez quelque chose de suavement doux. Voilà le nectar, voilà la friandise qui

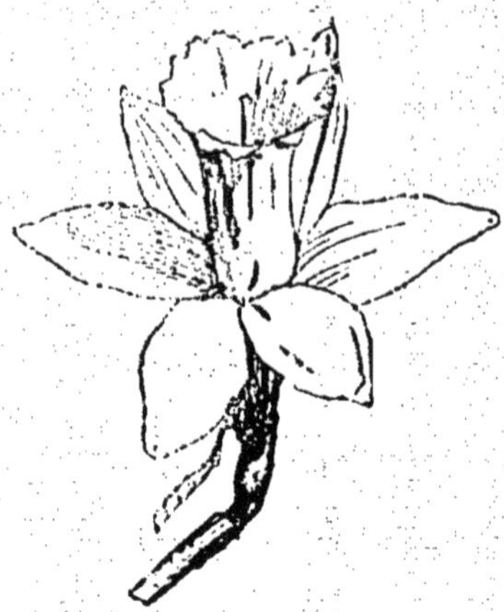

Fig. 135. — Narcisse.

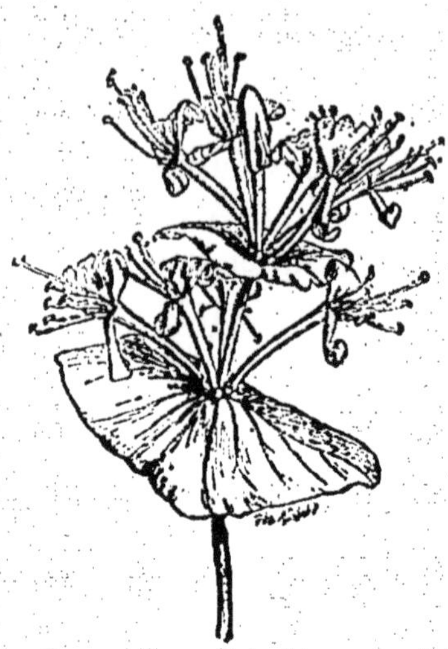

Fig. 136. — Chèvrefeuille.

attire les insectes. Avec cette liqueur, les abeilles font leur miel.

CHAPITRE LVIII

LE FRUIT.

Le mot *fruit* ne s'entend pas seulement du produit de la fleur bon à manger, il se dit aussi de ce qui contient les semences destinées à multiplier, à propager la plante. Tout végétal a son fruit, sans valeur alimentaire pour nous dans l'immense majorité des cas; et tout fruit, comestible ou non, est d'abord l'ovaire d'une fleur. Accordons notre attention à quelques-uns des fruits de nos vergers.

Les fleurs du poirier et du pommier sont d'un blanc lavé d'un rose tendre. Elles viennent par petits bouquets, et s'épanouissent aux premiers beaux jours, alors que le feuillage commence à se développer. En bas est un renflement assez prononcé, l'ovaire, début de la poire et de la pomme futures. Il se creuse au sommet d'un petit godet sur les bords duquel sont fixés cinq sépales, puis cinq pétales, puis encore des étamines en nombre considérable. Au centre s'élèvent cinq styles assez longs et menus comme des fils, qui plongent au fond du godet et communiquent avec cinq loges distribuées en une rangée circulaire dans l'épaisseur du renflement. Telles sont les fleurs du poirier et du pommier.

Fig. 137. — Le Poirier.

Comment sont les fruits ? Rappelons d'abord à l'esprit ce que chacun de nous sait par avance, l'ayant vu cent

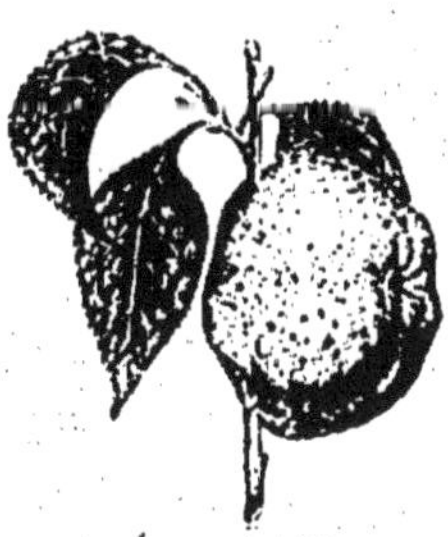

Fig. 138. — La Pomme.

Fig. 139. — Coupe transversale d'une poire.

Fig. 140. — Coupe transversale d'une pomme.

et cent fois. En bas est la queue, le support de l'ancienne fleur. Dans la pomme, elle se loge au fond d'une fossette;

dans la poire, elle termine le prolongement rétréci du fruit. Au sommet, dans les deux cas, est un œil, c'est-à-dire une fossette que couronnent quelques débris desséchés de la fleur. On y reconnaît des traces des cinq sépales; on y voit même quelques filaments d'étamines.

Coupons le fruit, poire ou pomme, par le travers, au milieu. Cinq compartiments ou cinq loges apparaissent, disposés en une étoile à cinq pointes. Leurs parois sont formées d'une lame coriace, partie immangeable du fruit tant elle est rebelle à la dent. Chacune de ces loges contient un petit nombre de semences, empilées sur deux

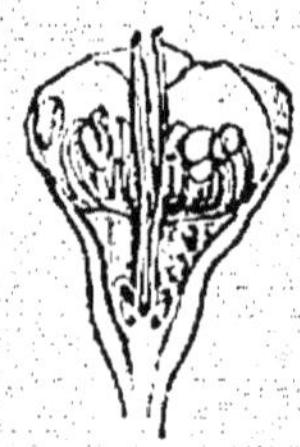

Fig. 141. — Coupe d'une fleur de Poirier.

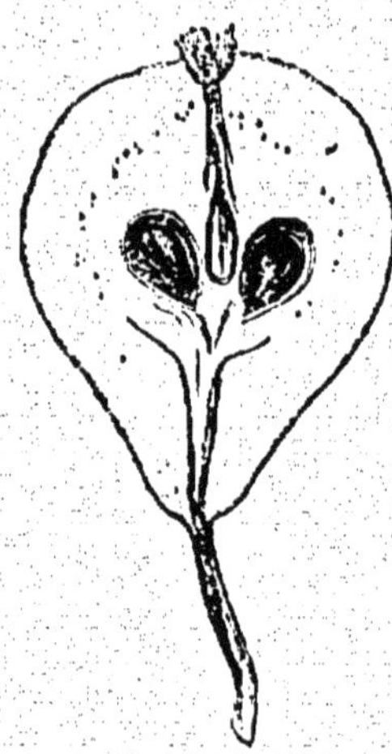

Fig. 142. — Coupe longitudinale d'une poire.

rangs. Parfois une seule rangée se développe; parfois aussi aucune graine n'arrive à bien, et alors la loge est vide, avec les parois plus ou moins rapprochées. On donne à ces semences du poirier et du pommier le nom de *pépins*. Quand nous mangeons une pomme ou une poire, la partie centrale du fruit, rejetée parce qu'elle est trop dure, se réduit aux cinq loges avec leur muraille coriace et leur contenu de pépins.

Qui connaît les fleurs du poirier, connaît aussi les fleurs du cerisier et du prunier. Même disposition par bouquets, même calice, même corolle, mêmes nombreuses étamines. Le pistil seul diffère. Il est unique et l'ovaire n'a qu'une loge. Le fruit comprend d'abord une couche extérieure, charnue et juteuse, qui est la partie comestible de la cerise et de la prune; puis une robuste coque ou *noyau*, espèce de coffret destiné à protéger la graine;

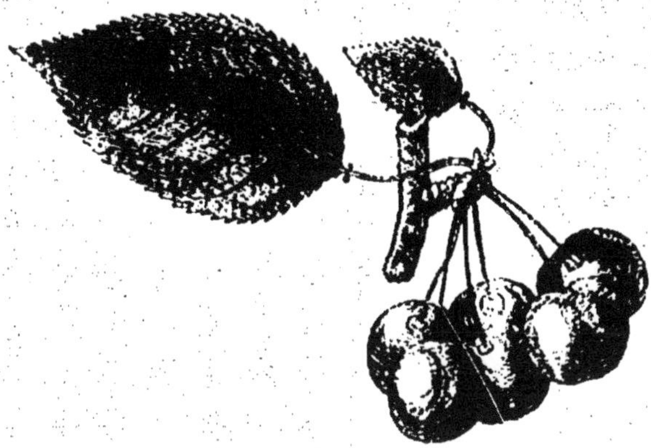

Fig. 143. — Les Cerises.

enfin une graine unique enclose dans ce coffre-fort. L'ensemble de la chair comestible et de la paroi du noyau forme ce qu'on appelle le *péricarpe*, mot qui signifie à peu près enceinte de protection pour les semences. Pareil nom s'applique à la partie comestible de la poire et de la pomme, accompagnée de la muraille coriace intérieure; enfin à toute enveloppe de semences, n'importe sa nature.

Voyez à quoi cette enceinte de la cerise et de la prune, en partie délicieuse à manger, en partie dure presque comme pierre, peut servir pour propager au loin le cerisier et le prunier. En dehors des soins de l'homme, à l'état sauvage, les deux arbres doivent pouvoir répandre çà et là leurs semences, pour que l'espèce augmente en nombre et prospère. Comment s'y prendront-ils avec leurs fruits lourds, que le vent ne peut transporter? Ces fruits ne sont-ils pas destinés à pourrir inutilement au pied de l'arbre, n'ayant pas la place pour la germination de leurs semences ?

Nullement, car voici des oiseaux qui accourent, affriandés par les exquises cerises. Le *loriot*, fin compère, dit-on, les mange et laisse les noyaux, non sans en répandre quelques-uns, de ci de là, au gré de ses joyeuses évolutions autour de l'arbre. C'est autant de fait pour le travail de la dissémination.

Fig. 144. — L'Abricotier.

Fig. 145. — Le Pêcher.

Mais bien d'autres oiseaux n'apportent pas au régal de cerises le même raffinement ; ils avalent le tout, puis s'en vont, traversant d'un coup d'aile plaines, monts et vallées. Dans leur estomac, la chair de la cerise est bientôt digérée ; mais le noyau, point. Le solide coffret est inattaquable ; il traverse intact l'organe à digestion de l'oiseau. Un moment arrive donc..... Inutile de poursuivre : le reste se devine.

Voilà le noyau rejeté avec sa semence qui n'a subi aucun dommage, défendue qu'elle est par le coffre-fort. De plus, circonstance heureuse, un peu de fumier l'accompagne : c'est le remerciement de l'oiseau au cerisier qui l'a régalé. Maintenant la coque se fend et la semence devient un petit cerisier en un lieu très distant du point de départ. Ainsi le cerisier, en donnant à ses fruits chair succulente, a pour but, non de nous fournir de délicieuses cerises, mais de faire transporter au loin, par les oiseaux, ses semences, que protège contre la digestion l'enceinte du noyau.

A côté du cerisier et du prunier, prennent rang l'abricotier et le pêcher, tous deux donnant des fleurs pareilles à celles que nous venons d'étudier, et tous deux aussi donnant des fruits construits sur le modèle de la cerise et de la prune, c'est-à-dire formés d'une abondante chair juteuse, suivie d'un robuste noyau avec semence unique. De ces fruits nous mangeons la partie charnue et nous rejetons le noyau et la semence, sauf pour les abricots, lorsqu'ils sont doux, bien entendu. Mais ils ne sont pas toujours doux, vous le savez mieux que personne ; et après les avoir mis en réserve dans la poche pour les casser à l'aise, combien de fois ne vous est-il pas arrivé de les trouver amers !

Fig. 146. — La Pêche.

L'amandier a juste la fleur de l'abricotier, juste aussi le fruit, avec une réserve cependant : c'est que le péricarpe n'est pas mangeable. C'est une enveloppe assez épaisse, veloutée et d'un vert cendré au dehors, tapissée à l'intérieur d'une coque plus ou moins dure. Cela représente le noyau et la partie comestible de l'abricot, de la pêche, de la cerise, de la prune. A la maturité, l'enveloppe verte se fend, s'ouvre, et laisse échapper la coque renfermant la graine. Celle-ci, ou l'*amande*, est ce que nous mangeons.

CHAPITRE LIX

LA GRAINE.

Puisque l'occasion s'en présente, pourquoi ne regarderions-nous pas un peu de près l'amande, qui par sa grosseur se prête bien à l'observation? Nous aurons là de bien belles choses à apprendre sur la structure de la graine en général. L'amande est une graine; elle nous dira ce que sont les autres graines, jusqu'à la plus petite.

L'ovaire de la fleur, fertilisé par le pollen, devient le fruit: la pomme sur le pommier, la cerise sur le cerisier, la noix sur le noyer, le grain de blé sur le froment, et ainsi de suite pour tous les végétaux. Le fruit contient les graines, plus ou moins nombreuses; parfois une seule, comme dans la pêche, la prune, l'amande; souvent plusieurs comme dans la pomme et dans la poire; en d'autres cas se comptant par milliers, comme dans le melon et la citrouille.

Le rôle naturel du fruit est de nourrir d'abord, et puis de protéger les graines, à l'abri d'enveloppes tantôt charnues, tantôt minces et sèches, tantôt durcies en robustes coques.

A leur tour les graines ont pour fonction de propager

l'espèce. Tout végétal, depuis les colosses des forêts, chêne, hêtre, sapin et les autres, jusqu'au moindre, tel que la mousse, a pour origine la graine. Toute plante a ses fleurs, toute plante a ses fruits, toute plante a ses graines. C'est avec la graine que la végétation se conserve prospère à travers les siècles ; c'est avec la graine que tout arbre, tout arbuste, tout brin d'herbe, laissent après eux, pour leur succéder, nombreuse descendance.

Qui ne voudrait savoir comment est faite la semence, qui, mise en terre, doit devenir ou bien petite plante, ou bien arbre énorme ? Qu'y a-t-il là dedans? Comment d'un gland peut-il sortir un chêne, et d'un pépin de poire un poirier?

Considérons le fruit de l'amandier. Nous savons qu'il a d'abord une peau extérieure, verte et tendre, qui, à la maturité, s'ouvre d'elle-même, se dessèche, se replie et

Fig. 147. — Fleur de l'Amandier.

Fig. 148. — L'Amande.

laisse échapper son contenu. Ce contenu est une coquille, parfois assez fragile pour se casser sous la dent, mais d'autres fois aussi très dure et ne cédant que sous la pierre ou le marteau. La coquille cassée, il nous reste la graine.

A quoi peuvent servir les deux parties que nous venons d'enlever ? Il faudrait avoir les yeux de l'esprit bien bouchés pour ne pas y reconnaître des enveloppes destinées à protéger la graine, des enceintes qui défendent la délicate semence contre le froid, la chaleur, la pluie, la dent des animaux. L'extérieure, veloutée d'un court duvet, est une couverture qui met à l'abri des intempéries; l'intérieure est un rempart qui, pour être forcé, exige le choc entre deux pierres.

De semblables moyens de défense se retrouvent en tout fruit, mais extrêmement variés d'une espèce végétale à l'autre. La cerise, la prune, la pêche, l'abricot ont la solide coque, le coffre-fort du noyau; et par-dessus une enceinte de chair juteuse. La pomme et la poire ont leurs pépins logés dans cinq petites niches, qui dessinent une étoile quand le fruit est coupé en travers. Ces niches, ces loges ont la paroi faite d'une lame coriace, semblable à de la corne, et autour de leur ensemble est un épais rempart de chair.

Le haricot et le pois ont leurs semences rangées dans un long étui qui s'ouvre en deux pièces; le châtaignier a les siennes dans une bourse hérissée de piquants.

Fig. 149. — Le Pois.

Fig. 150. — La Châtaigne.

Toutes ces enveloppes défensives, quelles qu'en soient la configuration, la consistance, la nature, font partie du fruit et proviennent de l'ovaire.

Revenons à l'amande. La coque étant brisée, apparaît la graine, la semence, qui est unique dans le fruit de l'amandier. Cette graine, nous venons de la voir défendue par deux enceintes, dont l'intérieure est une boîte bien solide et bien dure. Comme protection, est-ce assez ? Pas

Fig. 151. — Amande ouverte montrant le noyau.

Fig. 152. — Noyau ouvert montrant la semence.

encore. Après la robuste fortification du dehors vient la fine enveloppe de l'intérieur, qui emmaillotte étroitement la semence et lui évite le dur contact de la coque.

Cette enveloppe est double et se compose en dehors d'une peau roussâtre, au dedans d'une pellicule blanche, extrêmement souple et mince, facile à reconnaître lorsque l'amande est fraîche.

Semblable vêtement double se retrouve en toute graine. Celui de l'intérieur est toujours d'une grande finesse, parce qu'il recouvre immédiatement ce que la graine a de plus essentiel, de plus délicat. Celui de l'extérieur, beaucoup plus ferme et plus résistant, a des aspects fort divers d'une plante à l'autre. C'est une peau rousse dans l'amande et dans la noix, ainsi que dans les semences du pêcher, de l'abricotier, du cerisier, du prunier. Les pépins du poirier et du pommier l'ont formé d'une lame coriace et dure ; les haricots l'ont lisse et luisant, tantôt en entier blanc, tantôt mi-partie blanc et noirâtre, tantôt tiqueté de taches rouges.

En outre, les haricots, les pois, les fèves présentent, en un point de leur surface, une sorte de petit œil ovale. A cet œil se rattachait un cordon court et menu qui suspendait la semence à la paroi du fruit et servait de canal pour lui amener la nourriture. Toute graine est appendue à son fruit par semblable cordon nourricier, mais toutes n'ont pas, aussi bien marqué que sur le haricot et sur la fève, l'œil où s'abouchait ce cordon.

Une fois les deux enveloppes enlevées, opération très facile quand l'amande est fraîche, il nous reste un objet blanc, ferme, savoureux, partie comestible du fruit de l'amandier. Cet objet est le *germe*, c'est-à-dire ce qui serait devenu un arbre si l'on avait mis la semence en terre.

Il est arrondi d'un bout, un peu pointu de l'autre. A l'extrémité pointue fait saillie un petit mamelon. Sur le contour règne un faible sillon, une rainure, qui annonce une séparation facile. Introduisons la pointe du couteau dans ce sillon et forçons légèrement. Une moitié se détachera, et l'autre moitié nous montrera ce que reproduit la figure 153.

Fig. 153. Amande dont un cotylédon est enlevé.

Le petit mamelon pointu, qui fait saillie en dehors, se nomme *radicule*; c'est lui qui, s'allongeant, pénétrant dans la terre et s'y ramifiant, serait devenu la racine.

Au-dessus est un bouquet serré de très petites feuilles naissantes, toutes blanches. On lui donne le nom de *gemmule*. En se déployant, la gemmule doit donner les premières feuilles.

Enfin l'étroite ligne de démarcation entre la radicule et la gemmule est appelée *tigelle*; de là doit provenir le premier jet de la tige. Tel est l'amandier en graine. Le grand arbre qui doit étaler à l'air un abondant branchage et enfoncer dans le sol de puissantes racines, est maintenant contenu dans un corpuscule de rien, tout juste assez gros pour être visible.

Lorsqu'il possédera feuilles et racines convenablement développées, le petit amandier s'alimentera de lui-même, en puisant dans la terre et dans l'air ce dont il a besoin. Mais d'ici là, il faut vivre ; il faut se fortifier, grossir un peu. Comme rien ne se fait avec rien, le germe doit trouver quelque part de quoi suffire à sa première croissance. Ce ne peut être dans le sol tant que la radicule n'est qu'un simple point, incapable de tout travail; ce ne peut être davantage dans l'air tant que la gemmule n'est pas déployée en feuillage. Il faut donc au germe certaines provisions alimentaires, contenues toutes préparées dans la graine. Ces provisions, où sont-elles?

Dans l'amande, nous avons reconnu la gemmule, la radicule et la tigelle; mais il reste encore deux grosses pièces, facilement séparables l'une de l'autre, et formant, à elles seules, la presque totalité de la graine. Ces deux pièces sont les deux premières feuilles de la plante, mais des feuilles d'une structure à part, très épaisses, charnues et relativement énormes. Voilà les réservoirs alimentaires, les magasins à vivres où doit, en ses débuts, puiser la jeune plante.

Au moment de la germination, ces deux grosses feuilles, gonflées de matériaux nutritifs, cèdent peu à peu une partie de leur substance à la petite plante, et l'allaitent en quelque sorte. On pourrait donc les appeler des mamelles végétales, des feuilles nourricières; la science les nomme *cotylédons*. Pour grandir, le petit poulet dans son œuf a le jaune, l'agneau a le lait de sa mère, le germe de la plante a le suc des cotylédons.

CHAPITRE LX

GRANDES DIVISIONS DU RÈGNE VÉGÉTAL.

Nous venons de reconnaître dans la graine de l'amandier deux grosses feuilles, les premières de toutes, qui, gonflées de nourriture, ont pour rôle d'alimenter la jeune plante en ses débuts. Ces feuilles nourricières, nous les avons appelées cotylédons. Nous retrouverions pareillement deux cotylédons dans une foule de semences, par exemple dans le haricot, le pois, la fève, le gland, les pépins du poirier et du pommier, et tant d'autres.

D'autres semences au contraire, comme le blé, le froment, l'avoine, le maïs, les graines de l'iris et de la tulipe, ne possèdent qu'un seul cotylédon. Ce caractère, d'importance majeure, nous fournit deux grandes divisions dans le règne végétal : les *végétaux à deux cotylédons* et les *végétaux à un seul cotylédon.*

Il ne serait pas toujours aisé, surtout quand les graines sont très petites, de constater si le germe est pourvu de deux feuilles nourricières ou bien d'une seule; mais mettons ces graines en terre et faisons-les germer. Nous verrons les semences à deux cotylédons lever avec deux feuilles placées en face l'une de l'autre et très souvent différant de forme avec celles qui suivent. Dans le radis, par exemple, elles sont en forme de cœur. Ces deux feuilles,

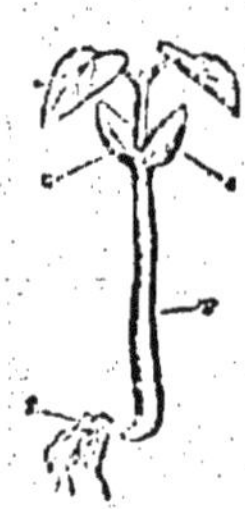

Fig. 154. — Germination d'une graine à deux cotylédons. Haricot.

Fig. 155. — Germination d'une graine à un seul cotylédon. Maïs.

qui devancent toutes les autres dans leur apparition et prennent le nom de *feuilles séminales*, ne sont autre chose que les deux cotylédons, qui s'étalent et verdissent tout en nourrissant la petite plante d'une partie de leur substance.

Au contraire, les graines à un seul cotylédon lèvent avec une seule feuille séminale, généralement de forme étroite et allongée. C'est ce qu'on peut observer en faisant germer du blé maintenu humide dans une soucoupe.

Ces différences des deux genres de graines sont accompagnées de différences profondes dans le reste de la plante. De fins cordons tenaces ou *nervures* sont distribués dans l'épaisseur de toute feuille. Or, si l'on com-

Fig. 156. — Feuille d'Orme.

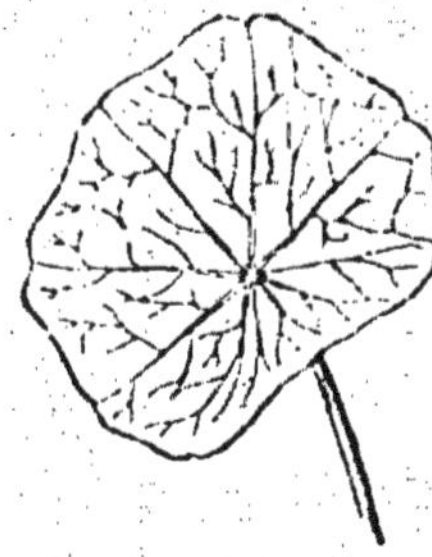

Fig. 157. — Feuille de Capucine.

pare les feuilles du poirier avec celles de l'iris, par exemple, on reconnaît que dans les premières les ner-

Fig. 158. — Tulipe.

Fig. 159. — Jacinthe.

vures se subdivisent, se ramifient, se rejoignent entre elles et forment ainsi un réseau à mailles très serrées; tandis que dans les secondes les nervures ne se ramifient point et restent à la même distance les unes des autres sans former des mailles. Nous trouvons la même différence de charpente entre les feuilles de l'orme, de la capucine, du peuplier, du platane, du chou, du pois et celles du lis, de la tulipe, du blé, du roseau, de la jacinthe.

Lorsque, par la pourriture, les parties de moindre consistance ont disparu, les nervures plus résistantes à la décomposition persistent et figurent une sorte de dentelle dans les végétaux de la première catégorie, un faisceau de filaments parallèles dans ceux de la seconde.

Il suffit donc, quelques rares exceptions mises à part, d'examiner la feuille pour savoir à laquelle de ces divisions le végétal appartient. Les nervures sont-elles en réseau, le végétal est à deux cotylédons; les nervures sont-elles parallèles, le végétal est à un seul cotylédon. La structure seule de la feuille nous renseigne sur la structure de la semence.

La fleur, dans les deux catégories de végétaux, ne diffère pas moins. Lorsque la graine a deux cotylédons, la fleur, dans l'immense majorité des cas, est pourvue de deux enveloppes, un calice et une corolle; mais lorsque les semences ne possèdent qu'un seul cotylédon, le calice manque; et alors les enveloppes florales, toutes de même nature, se réduisent à une corolle. L'amandier a des fleurs avec calice et corolle et sa graine a deux cotylédons; le lis a des fleurs avec corolle seulement, et sa graine ne possède qu'un seul cotylédon.

Ce n'est pas tout encore. La fleur d'une plante à deux cotylédons a le plus souvent ses diverses pièces disposées par rangées de cinq. Ainsi la fleur du pommier possède cinq sépales au calice, cinq pétales à la corolle, cinq loges à l'ovaire. Il est vrai que les étamines sont très nombreuses.

La fleur d'une plante à un seul cotylédon a ses diverses pièces groupées par rangées de trois. Le lis, par exemple, possède six pétales distribués en deux rangées de trois;

six étamines distribuées aussi en deux rangées de trois; enfin trois loges à l'ovaire.

Voilà donc que la fleur, à son tour, nous fournit un moyen de décider du nombre de cotylédons de la semence. L'œillet, par exemple, a les pièces de sa fleur disposées par rangées de cinq; sans examiner sa graine, nous pouvons affirmer qu'il y a deux cotylédons et que la jeune plante lève avec deux feuilles. Le narcisse a les pièces de sa fleur disposées par rangées de trois; sa graine a donc un seul cotylédon, et la plante lève avec une seule feuille séminale.

Enfin il existe d'autres végétaux, tels que les champignons et les mousses, dont la semence consiste en un tout petit granule, sans distinction de parties, sans radicule, sans gemmule, sans cotylédons. Pareille semence, si simple de structure et si différente de la graine, porte le nom de *spore*. Les spores sont d'une finesse extrême, on ne peut les voir sans microscope. Dans ces végétaux les fleurs manquent, ou plus exactement ce qui produit les semences, les spores, n'a rien de commun, pour la structure, avec ce que nous ont montré les fleurs habituelles.

Ici, plus de calice, plus de corolle, plus d'étamines, plus de pistil, mais des pièces construites de toute autre façon, quoique remplissant des rôles analogues pour la production des semences qui doivent propager et multiplier la plante. Nous désignerons ces végétaux, les plus simples de tous, par le nom de *végétaux sans cotylédons*.

Le règne végétal se partage ainsi en trois grandes séries, savoir :

1° *Végétaux à deux cotylédons*. — Là se classent tous nos arbres, tant forestiers que fruitiers, et la majeure partie de nos plantes potagères : chou, navet, radis, carotte, céleri, tomate, pomme de terre, aubergine, artichaut, fraisier, melon, citrouille.

2° *Végétaux à un seul cotylédon*. — Cette série, dans nos

climats, ne fournit aucun arbre ou arbuste; mais dans les

Fig. 160. — Maïs.

Fig. 161. — Orchis.

pays chauds elle est représentée par le cocotier, le dattier et bien d'autres arbres superbes. Pour nos régions, la plus grande espèce est le roseau. Dans cette série prennent rang les céréales, froment, avoine, orge, seigle, maïs; les divers gazons de nos pelouses et de nos prairies; de magnifiques plantes ornementales, lis, iris, tulipe, jacinthe; enfin des plantes potagères, oignon, ail, poireau.

Fig. 162. — Palmier.

3° *Végétaux sans cotylédons.* — Là, se classent les champignons de forme si variée, dont quelques-uns sont des aliments exquis et les autres des poisons atroces; les mousses, formant d'épais tapis jusque sur les rochers; les lichens, qui viennent en croûtes de diverses couleurs sur

Fig. 163. — Champignon.

Fig. 164. — Mousse.

Fig. 165. — Lichen.

les vieux troncs d'arbres et même sur le roc nu; les algues, qui forment la végétation de la mer et aussi de nos eaux dormantes; enfin les fougères, si élégantes par leur feuillage.

FIN.

TABLE DES MATIÈRES

631-84. — CORBEIL. Typ. et stér. CRÉTÉ.

À LA MÊME LIBRAIRIE

TABLEAUX GÉOGRAPHIQUES

Dressés par **Félix Hément,** *inspecteur général de l'Instruction publique; dessinés par* **Cicéri.**

Premières notions de géographie. *Collection de 12 dessins,* de 0m60 sur 0m40 (*imprimés en chromo*). Avec *une notice.* Album oblong, cart..... **15** »
Prix de chaque dessin... **2** »
Carton pour serrer les planches................................ **1 25**
1° L'Archipel. — 2° Le Canal, l'Écluse. — 3° Le Cap, la Falaise. — 4° Chemin de fer, Viaduc, Tunnel, Routes et Cours d'eau. — 5° Le Confluent, les Collines. — 6° Les Cours d'eau, les Glaciers. — 7° Le Détroit. — 8° Le Golfe, le Volcan. — 9° L'Isthme. — 10° Le Lac, les Glaciers. — 11° Le Port. — 12° La Vallée, le Torrent.

Termes géographiques (*notice des tableaux géographiques*), reproduisant les 12 tableaux avec des explications sommaires. Petit in-4 oblong, cart. **1** »

TABLEAUX COSMOGRAPHIQUES

Dressés par **Félix Hément,** *inspecteur général de l'Instruction publique; dessinés par* **Fouché.**

COLLECTION DE SIX TABLEAUX. — Chaque tableau, séparément, *Prix :* **2** fr.

Dimensions comparées des planètes. — Mars, aspect des deux hémisphères. — Comètes et nébuleuses. — Le Soleil, sa dimension comparée à celle des planètes. — Lune, paysages lunaires. — Jupiter et Saturne.

Notice des tableaux cosmographiques reproduisant les tableaux avec des explications sommaires. Petit in-4 oblong, cart............................ **1** »

TABLEAUX DE PHYSIQUE

SE COMPOSANT DE

DIX-HUIT BELLES CHROMOLITHOGRAPHIES DE 0m80 DE LARGEUR SUR 0m60 DE HAUTEUR

Détail des Tableaux :

TABLEAUX : 1. Machines simples et machines composées, 1er groupe. — 2. Machines simples et machines composées, 2e groupe. — 3. Balance-bascule. — 4. Presse hydraulique. — 5. Équilibre des corps flottants, Vases communiquants. — 6. Application de la force motrice à l'eau. — 7. Corps gazeux : leurs phénomènes. — 8. Pompe à incendie. — 9. Pompe aspirante à levier, Machine pneumatique. — 10. Étude de la chaleur. — 11. La Vapeur. — 12. Locomotive. — 13. Étude du son. — 14. Réfraction de la lumière dans les lentilles. — 15. Étude de la lumière. — 16. Magnétisme et Électricité. — 17 et 18. Télégraphe enregistreur Morse.

Prix de la série de 18 tableaux............. **30 fr.**
Montés sur toile.............................. **50** »
Montés sur toile et vernis.................. **58** »

Ces tableaux de physique sont indispensables aux écoles qui ne peuvent, à cause de l'élévation de leur prix, se procurer les appareils de physique nécessaires aux démonstrations. Leur élégance les rend propres à l'ornement des salles d'école, et les élèves les ayant toujours sous les yeux retiennent plus aisément les leçons de leur professeur.

ATLAS SCOLAIRE

Par **E. Levasseur,** membre de l'Institut.

Livre de l'Élève comprenant 65 cartes et plans et 73 illustrations intercalées dans le texte, dix cartes muettes avec questionnaires pour les interrogations, des résumés de chaque leçon placés à la fin du volume, des notions sur la géographie historique de la France, sur la lecture des cartes de l'état-major et sur les principaux voyages et découvertes. In-4 cart.............................. **2 90**

Livre du Maître, comprenant le livre de l'Élève avec une page de développements, lectures, descriptions, conseils, devoirs, etc., en regard de chaque page du livre de l'Élève. In-4, cart.............................. **5** »

www.ingramcontent.com/pod-product-compliance
Ingram Content Group UK Ltd.
Pitfield, Milton Keynes, MK11 3LW, UK
UKHW031837260826
14628UKWH00001B/445

9 782019 668402